FALKEN BÜCHEREI

BUDO-BIBLIOTHEK

falken+ohara

Von Stephen K. Hayes erschienen im Falken-Verlag auch die Bände 0758 »Ninja 1« und 0763 »Ninja 2«.
Über sie und die zahlreichen weiteren Titel aus der Budo-Bibliothek des Falken-Verlags informiert auch das beigeheftete Gesamtverzeichnis.

CIP-Kurztitelaufnahme der Deutschen Bibliothek

Hayes, Stephen K.:
Ninja / Stephen K. Hayes. [Übers.: Johann Schmit].
Niedernhausen/Ts.: Falken-Verlag
(Falken-Bücherei: Budo-Bibliothek)
Einheitssacht.: Ninja, spirit of the shadow warrior ‹dt.›
3. Der Pfad des Togakure-Kämpfers. – 1986.
Orig.-Ausg. u. d. T.: Hayes, Stephen K.: Warrior path of Togakure
ISBN 3-8068-0764-7

ISBN 3 8068 0764 7

Übersetzung: Johann Schmit
Die Ratschläge in diesem Buch sind von Autor und Verlag sorgfältig erwogen und geprüft, dennoch kann eine Garantie nicht übernommen werden. Eine Haftung des Autors bzw. des Verlages und seiner Beauftragten für Personen-, Sach- und Vermögensschäden ist ausgeschlossen.
Gesamtherstellung: Neuwieder Verlagsgesellschaft mbH, Neuwied

817 2635 4453 62

Stephen K. Hayes

Ninja 3

Der Pfad des Togakure-Kämpfers

FALKEN VERLAG

武神館道

Über den Autor

Stephen K. Hayes ist die bekannteste Autorität in der westlichen Welt in Theorie und Praxis des Ninjutsu. Als Jugendlicher begann er in Ohio seine Suche nach dem Weg zur wahren Kriegskunst. Im Laufe der Zeit hat er in einzigartiger Weise eine Brücke zwischen Ost und West geschlagen und die jahrhundertealte Kunst des Ninjutsu zeitgenössischen Bedürfnissen angepaßt. Hayes ist der erste Nicht-Orientale in der Tradition des japanischen Ninjutsu, dem der Titel *Shidoshi,* d. h. »Lehrer der Kriegskunst der Erleuchtung«, verliehen wurde. Und er ist der einzige Amerikaner, dem diese Ehre in der jetzigen Generation zuteil wurde.

Der Autor ist der einzige amerikanische Schüler Dr. Masaaki Hatsumis, des Großmeisters des Ninjutsu, und dessen persönlicher Vertreter in den Vereinigten Staaten. Ihm wurde die Verantwortung auferlegt, Dr. Hatsumis Wissen um die Kenntnisse des Kriegers und ihre spezifischen Trainingsmethoden in der westlichen Welt bekannt zu machen. Er bekam die Erlaubnis, eine englischsprachige Filiale der Bujinkan-Dojo-Familie aufzubauen, um ihm bei seiner Arbeit zu helfen.

Hayes wurde zum Lehrer aller neun Krieger-Ryu ernannt, in denen Dr. Hatsumi als *Soke* (Oberhaupt der Familie) fungiert. Folgende neun japanischen Kriegskünste gibt er an seine Schüler weiter:

Togakure-Ryu Nin-po
Gyokko-Ryu Koshijutsu
Kuki Shinden-Ryu Happo Hikenjutsu
Gyokushin-Ryu Nin-po
Shinden Fudo-Ryu Dakentaijutsu
Koto-Ryu Koppo Taijutsu
Gikan-Ryu Koppojutsu
Takagi Yoshin-Ryu Jutaijutsu
Kumogakure-Ryu Nin-po.

Im Herbst 1982 wurde Hayes das *Kokusai Bufu Yukosho,* ein Beglaubigungsschreiben, überreicht, das ihn als Großmeister auszeichnet und mit einem Goldmedaillon geehrt in Anerkennung seiner Verdienste um die internationale Verbreitung der Bujinkan-Dojo-Lebensweise und der dazugehörigen Trainingsmethoden. Der Autor arbeitet mit seinem Lehrer weiter an der Erforschung der Kriegskünste und der persönlichen Bewußtseinserweiterung. In seiner Doppelrolle als Schüler einerseits und als Lehrer andererseits reist er zwischen seinem Heim im Südwesten Ohios und Kumamoto in Japan hin und her.

Danksagung

Während seiner historischen Reise in die Vereinigten Staaten (1982) beobachtete Großmeister Masaaki Hatsumi die Arbeit seiner westlichen Schüler. Dabei gab er mir einen überwältigenden Beweis der Kräfte, die in unseren Ryu-Traditionen schlummern. Mein eigenes Verständnis vom Wesen unserer Kampfmethode und von der Ursache der Tatsache, daß sich unser System so sehr von den anderen, bekannteren zeitgenössischen Kampfsportarten unterscheidet, wurde an diesem Sommertag schon nach wenigen Sekunden hundertfach verstärkt.

Eine Schülergruppe fragte Hatsumi Sensei nach den oft mißverstandenen Kräften des Ninja-Kuji-Kiri und Kuji-in. Die Antwort des Großmeisters war eher grundsätzlicher Natur: das Kuji-in arbeite nur für diejenigen, die voll und ganz in die lebendige Geschichte des Ryu eingeweiht sind. Es gebe keine Möglichkeit, die Wirkung des Kuji-in herbeizuführen, ohne gleichzeitig ein integraler Bestandteil der Tradition zu sein. Der Weg zu den Kuji-Fähigkeiten, meinte Hatsumi Sensei, bestehe ausschließlich darin, sich noch härter in der Taijutsu-Kampfart zu üben, bis man schließlich das Stadium des *Kotsu* erreicht, den Kern des Wissens, das den Ninja-Kriegern über Generationen hinweg geholfen hat. Erst wenn diese Vereinigung mit der Quelle der Kraft zustande gekommen ist, können Kuji-Kiri und Kuji-in in Erscheinung treten.

Obschon diese Worte vom Herzen kamen, schienen sie die Schüler nur wenig zu beeindrucken. Da wandte Hatsumi sich plötzlich mir zu und befahl mir, ihn mit der Faust von hinten gegen den Kopf zu schlagen, wann immer ich bereit sei. Möglicherweise bemerkte er meinen entgeisterten Blick, denn er lachte und meinte, er würde alle Verantwortung auf sich nehmen. Dann befahl er mir ein zweites Mal, ihn ohne Warnung gegen den Hinterkopf zu schlagen, drehte mir den Rücken zu und wartete auf meinen Angriff. Er begann wieder mit den Schülern zu reden, und scheinbar ohne die geringste Vorbereitung oder Mühe glitt er plötzlich zur Seite, als meine Faust durch die Luft flog und die Stelle traf, an der sich Bruchteile einer Sekunde vorher noch sein Kopf befunden hatte. Er hatte den Fauststoß weder kommen sehen noch ihn hören können.

Lächelnd blickte er dann die sprachlosen Schüler an und verkündete trocken: »Dies ist Kuji!« Obwohl ich selbst ein aktiver Teil dieses Vorgangs gewesen war, konnte ich kaum glauben, was ich gesehen hatte.

Einige vermuteten einen Trick oder ein abgekartetes Spiel. Das war alles, was diese Leute zu sehen bereit waren. Andere waren verblüfft und werteten die Demonstration als Beweis des *Sakki,* der Killerkraft. Auch dies war nicht der Fall. Es bestand keine Tötungsabsicht, da ich nicht den geringsten Wunsch hatte, meinen Lehrer zu verletzen oder gar zu töten.

Obschon ich Dr. Hatsumi nicht verletzen wollte, war der Schlag in verschiedener Hinsicht doch äußerst gefährlich. Zuerst einmal ist es ganz klar, daß ein derartig kräftig ausgeführter Angriff gegen den Hinterkopf unweigerlich zu Bewußtlosigkeit geführt hätte, ganz egal, ob dies in meiner Absicht lag oder nicht. Der Großmeister entzog sich diesem Schlag jedoch in genau dem richtigen Moment. Irgendwie nahm er das Unwahrnehmbare wahr und bewegte sich im letzten Augenblick zur Seite, um dem Aufschlag zu entgehen. Selbst wenn man nur diese Ebene in Betracht zieht, ist das Resultat schon äußerst beeindruckend.

Auf einer anderen Ebene war der Schlag jedoch noch weit gefährlicher. Er stellte nämlich das potentielle Ende, den möglichen Tod der 34 Generationen des Togakure-Ryu dar und hatte somit auch einen direkten Bezug zu meinem eigenen Leben und zu dem meiner Schüler. Hätte meine Faust, schnell, kräftig und wohltrainiert wie sie ist, Masaaki Hatsumi von hinten getroffen, so hätte dies das Ende unseres Ryu bis in alle Ewigkeit bedeutet.

Wenn der Togakure-Ryu und die acht anderen Ryu, die Dr. Hatsumi leitet, authentisch und tatsächlich dazu bestimmt sind, in der Gegenwart und in der Zukunft weiterzubestehen, so durfte der Großmeister sich in einem öffentlichen Test unter keinen Umständen einen Fehlschlag erlauben. Man stelle sich nur vor, was aus dem guten Ruf der Tradition geworden wäre, wenn der Großmeister des Ninjutsu seinem Schüler befohlen hätte, ihn gegen den Hinterkopf zu schlagen, nur um einige Augenblicke später das Bewußtsein zu Füßen seines schockierten Anhängers wiederzuerlangen. Ein Meister, der solch eine Prüfung nicht besteht, kann sich nie wieder in der Öffentlichkeit zeigen, ohne Spott und Gelächter heraufzubeschwören. Für seine Schüler wäre es ein Ding der Unmöglichkeit gewesen, ihre Kunst weiterhin zuversichtlich und glaubwürdig zu verbreiten, während die ganze Welt um die beschämende Wahrheit weiß. In einem solchen Fall wäre der Ryu so tot und so kalt wie die Asche seines Begründers.

Es scheint, als würden die Geister aller vorangegangenen Großmeister hinter dem Mann stehen, der zur Zeit den Titel trägt, und ihn durch alle Gefahren führen. Der Meister selbst gibt ganz offen zu, daß er sich dies wissenschaftlich nicht erklären kann. Das Oberhaupt ist bloß die augenblickliche Verkörperung der kollektiven Kraft und des Bewußtseins des vergangenen, gegenwärtigen und zukünftigen Ryu. Der Krieger wird eins mit der geballten Kraft, welche Generationen von Vorgängern erschufen. Dies ist das Geheimnis des scheinbar magischen Kuji, und dies ist auch die Ursache, weshalb es so überaus wichtig ist, einen zuverlässigen Lehrer zu haben, der auf eine ganze Reihe erfolgreicher weiser Krieger zurückschauen kann.

Dieser Band, ebenso wie die vorhergehenden Bände, ist Ausdruck meines tiefen Dankes für das Verständnis, die Großzügigkeit und die unendlich tiefen Einblicke, die Dr. Hatsumi mir gewährt hat. Seine Führung hat mich aus dem heillosen Sumpf der heutigen unseriösen Kampfsportarten herausgeleitet und mich auf den Weg des mystischen Kämpfers geführt, auf den Weg des Togakure-Kämpfers.

Stephen K. Hayes

Vorwort

Eine Pilgerfahrt zum Togakure-Berg

Die Hitze und die Feuchtigkeit, die im Juni in Tokyo herrschen, machten einer trockenen Hitze Platz, als wir aus dem Tokyo-Expreß ausstiegen. Wir befanden uns nämlich in *Monzen Machi,* der Tempelstadt von Nagano. Eine dreistündige Fahrt hatte uns nach Norden ins Hochland gebracht, weit über Tokyo. Obschon die Feuchtigkeit in dieser Höhenregion verschwunden war, herrschte eine flimmernde Glut über den Bezirken des ausgedehnten Tempels, der den Mittelpunkt der alten Stadt bildet.

Nach der esoterischen Tradition in Roben gekleidete Mönche standen in der glühenden Mittagssonne und murmelten ihre kaum vernehmbaren Mantra in den Dialekten der Himalaya-Königreiche vor sich hin. Breite Korbhüte schützten sie vor den brennenden Sonnenstrahlen, wenn sie ihre Kraftstäbe mit den sechs Ringen rhythmisch schüttelten, um von den herumschlendernden japanischen Touristen ein Almosen zu bekommen. Meine Frau und ich gingen am Tempel vorbei. Wir gingen anderswohin, auf unserer eigenen Suche nach dem geistigen Weg.

Ein Autobus mit offenen Fenstern nahm uns mit in die Berge oberhalb der Stadt Nagano. Links sahen wir die flimmernde Stadt im Tal unter uns liegen, rechts breitete sich ein blaugrüner Wald über die Berghänge aus. Rumiko und ich waren auf dem Weg zu dem abgelegenen Togakure-Dorf, das sich hoch oben auf dem Joshinetsu-Plateau befindet.

Vor mehr als 800 Jahren wurde Daisuke Nishina in Togakure* geboren. Er wuchs in der dünnen Luft dieser Höhengegend auf und trainierte zusammen mit den Kriegerasketen des *Shugenja-Dojo* des Togakure-Berges. Später wurde er gezwungen, sein Heimatdorf zu verlassen. Er sollte es nie wiedersehen. So begann eine Reise, die ihren Höhepunkt in der Gründung des Togakure-Ryu-Ninjutsu fand, in der Gründung eines Stils der mystischen Kunst der legendären japanischen Schattenkrieger.

* – »Toh gah ku rey« –. So wurde der Dorfname und die betreffende Ninjutsu-Tradition in alten Zeiten ausgesprochen. Selbst heutzutage behält der Ryu die alte Aussprache der japanischen Kanji bei. Die Einwohner des Dorfes nennen ihren Ort heute jedoch Togakushi (»Toh gah ku shi«). Trotz dieser unterschiedlichen Aussprachen sind Form und Bedeutung der Schriftzeichen gleich. Um ein Gefühl der geschichtlichen Kontinuität zu erzeugen, wird in diesem Buch ausschließlich der Name Togakure verwendet, anstatt auf die modernere »Togakushi«-Aussprache zurückzugreifen.

Vor Jahren war auch ich zu einer Pilgerfahrt aufgebrochen, ebenfalls gezwungen von einer inneren Triebkraft oder möglicherweise einer höheren Berufung folgend, die mich schon seit meiner Jugend die Erleuchtung auf dem Pfad des Kriegers suchen ließ. Ich wurde als persönlicher Schüler des 34. Großmeisters jenes Ryu aufgenommen, den Daisuke unwissentlich vor fast einem Jahrtausend gegründet hat, und fand ein geistiges Zuhause hier auf der Honshu-Insel Japans.

Unser Bus bewegte sich langsam auf der engen kurvenreichen Straße über das bergige Gelände. Ein paar verwitterte Gasthäuser und Vorratsscheunen lagen stoisch wartend vor uns. Ihre massiven, mit Stroh gedeckten Dächer waren fast fünfmal so hoch wie ihre grauen Holzwände. Rumiko und ich waren überrascht, als wir hörten, daß diese Ansammlung von antiken Strukturen den Dorfkern bildete; so klein war diese Siedlung!

Eine Gruppe japanischer Touristen stand vor dem Bus herum. Trotz der drückenden Hitze trugen alle die schweren schwarzen Hosen bzw. Röcke und die weißen Hemden (Blusen), die typische japanische Hochschuluniform. Ich fiel natürlich sofort auf, und die Begeisterung der Schüler über einen Fremden in diesem abgelegenen Dorf wuchs schnell. Meiner Frau Rumiko, die in Japan geboren und aufgewachsen ist, wurde nur wenig Aufmerksamkeit geschenkt, während ich mit Grinsen, Winken, Gekicher und allerlei englischsprachigen Begrüßungsversuchen empfangen wurde.

Ich fand es lustig, daß sie sich über einen Fremden in Togakure so wunderten. Ich lächelte, als ich mich innerlich fragte, welches wohl ihre Reaktion wäre, wenn sie wüßten, weshalb meine Frau und ich gerade hierher gekommen waren. Rumiko und mir war nämlich die Verantwortung übergeben worden, das Wissen und Können des Togakure-Ryu-Ninjutsu in der westlichen Welt zu verbreiten. Der Großmeister hatte uns diese Ehre und Verantwortung übertragen, und unsere Reise zu dem Geburtsort des Begründers des Ryu war eine bedeutsame Pilgerfahrt. Es war nicht einfach ein Ausflug für uns zwei; es sollte vielmehr ein Heimkommen sein.

Am nächsten Morgen standen wir vor einem massiven Torii aus weißen Steinen. Er trägt die japanischen Ideogramme *Toh Gakure*. Diese scheinbar zeitlosen Granitpfeiler und -querbalken stehen am Anfang eines Pfades, der zu dem *Jinja Okusha,* d.h. zum inneren Heiligtum führt, das sich hoch oben am Togakure-Berghang versteckt. Die Luft war an diesem Tag klar und kühl, und das volle Grün der Bäume und der Farne schien uns auf diesem Weg in eine tiefe Vergangenheit zu ziehen. Rumiko, unsere noch ungeborene Tochter in ihr und ich begannen den Aufstieg.

Vögel zwitscherten und trillerten in den Kronen der Bäume und beachteten die zwei Fremden kaum, die über den Kiesweg durch ihr Revier

Der Autor Stephen Hayes und seine Frau vor dem Schrein auf dem Gipfel des Togakure-Berges.

schritten. Die Sonne strahlte aus einem tiefblauen Himmel, leichte Windstöße ließen die Baumwipfel erzittern und ein kleiner Bach rauschte an der nördlichen Seite des aufsteigenden Pfades.

Nach zwanzigminütigem Gehen verengte sich der verschlungene Weg zum Okusha. Erhabene Zedern spendeten demjenigen Schatten, der dem ständig steiler werdenden Pfad über die herausragenden Wurzeln und zwischen den riesigen Stämmen hindurch folgte. Nur manchmal konnte man ein Stück des Himmels erblicken, wenn der Wind hoch über dem moosbedeckten Waldboden die federleichten Zweige auseinanderschob. Krähen flogen im Geäst der Riesenbäume umher. Ihre heiseren Schreie riefen Artgenossen oder galten möglicherweise uns; das düstere Gekrächze war durch das ganze Tal zu hören.

Von den drei verschiedenen Schreinen ist der innere Schrein am schwierigsten zu erreichen. Der *Hokoji,* der Schatz des Lichtes, war der erste, dem wir begegnet waren, als wir in Togakure eintrafen. Dieses reich verzierte Gebäude liegt auf einer Anhöhe an der Straße, die vom Tal zum alten Bergdorf führt. Der *Chusha,* der mittlere Schrein, ist der Mittelpunkt des Dorfes. Diese Gruppe von heiligen Gebäuden zieht die meiste Aufmerksamkeit der Touristen an.

Rumiko und ich hatten den Chusha schon am Tag vorher besucht. Wir hatten die oberste der verwitterten Holzstufen des Tempels genau in dem

Augenblick erreicht, als die langen Nachmittagsschatten sich in die länglichen Formen zu verwandeln begannen, die den Beginn des Abends anzeigen. Der goldene Glanz des Sonnenuntergangs verlieh dem Tempel eine ganz besondere, fast märchenhafte Atmosphäre. Es kam uns vor, als bewegten wir uns in einem tiefen Traum.

Wir standen da und beobachteten die Mönche, die das heilige rituelle Okagura-Zeremoniell mit besonderen Trommeln, Flöten und Glocken vollzogen. Die heiligen Männer führten vor, wie Ame no Yagokoro Omoi Kane no Mikoto Amaterasu Omikami aus ihrer Höhle lockte und der Menschheit somit das Licht der Weisheit wiederbrachte. Die legendäre japanische Sonnengöttin hatte sich nämlich durch das heimtückische Verhalten ihres rebellischen Bruders Susa no Onho Mikoto verraten gefühlt, sich daraufhin aus Scham und Buße unter der Erde in einer Höhle verkrochen und diese mit einer massiven Steintür verschlossen. Voller Angst und Gewissensbisse versuchten die Menschen seit dieser Zeit, sie wieder an ihre alte Stelle zurückzubringen.

In der zentralen Halle des Chusha-Schreines wirbelten die maskierten Priester umher. Ihre weißen, grünen, purpurnen oder orangefarbenen Seidenkostüme und die blitzenden Schwerter boten ein farbenprächtiges Bild, als sie darstellten, wie es einem weisen, entschlossenen Wesen gelang, die Sonnengöttin dazu zu bringen, die Dunkelheit zu verlassen und ihre Geschenke der Welt wieder zukommen zu lassen. Ich war ganz gefangen von dem Schauspiel, wie es sich vor einem tiefergelegenen Altar vollzog. Dort befand sich ein großes Tuschgemälde, das die Steintür der legendären Höhle darstellte. Als Höhepunkt der Vorstellung wurde diese symbolische Tür weggestoßen, und man hatte einen direkten Einblick in das Wissen der Zeiten. Dort vor mir sah ich einen Träger des kosmischen Lichtes und der Weisheit des Universums! Ich brach in ein lautes Lachen aus, als ich die Figur vor mir erkannte. Die Ironie der Lehre war zugleich komisch alltäglich und stimmte doch auf eine unangenehme Weise nachdenklich.

Auf einem Sockel stand nämlich ein runder Spiegel, der mein eigenes Bildnis zu mir zurücksandte. Da stand also die zeitlose, himmlische Weisheit, angezogen mit einer gelben Hose und einem Sweatshirt mit Kapuze, und starrte mich an, ein Grinsen auf dem bärtigen Gesicht. Zu dieser flakkernden Figur gesellte sich nun eine kleinere hinzu, die einen rosafarbenen Laufanzug trug, und zwei lächelnde Gesichter strahlten hinaus in den späten Nachmittag des Togakure-Dorfes.

Rumiko und ich folgten weiterhin dem schmalen Pfad, der zu dem Okusha, dem inneren Heiligtum, führte. Wir sprachen über alles, was wir gesehen hatten: über die Bedeutung des Ortes, an dem wir uns gerade befanden, und über den dauernd komplexer werdenden Lauf der Dinge und der Zufälle, die uns zusammengebracht hatten und unsere Wege in die gleiche Richtung laufen ließen, um das Vermächtnis der historischen Ninja zu suchen. Wir lachten und sprachen, immer mit dem Hintergedanken, daß unsere, an diesem Zeitpunkt noch nicht bestimmte Lebensaufgabe möglicherweise, wie der Großmeister es uns vorausgesagt hatte, von geschichtlicher Bedeutung sein würde.

Aus dem Felsen gehauene Stufen führten uns weiter hinauf an einer farnbewachsenen Lichtung vorbei, die wohl einst zu den Übungsplätzen der asketischen Shugenja-Krieger des Togakure-Berges gehörte. Wir folgten dem verschlungenden Pfad weiter zwischen den gewaltigen Stämmen hochgewachsener Zedern hindurch, und ich dachte an die turbulenten Jahrhunderte, die vorüber gezogen waren, während diese Riesen sich geduldig an dem dunklen Berghang entfalteten. Ich überlegte, was der junge Daisuke, der Begründer unserer Ninjutsu-Tradition, wohl gefühlt haben mag, als er zum letzten Mal zwischen diesen Bäumen schritt, bevor sein Schicksal ihn in die ferne Iga-Provinz verschlug.

Da fiel es mir plötzlich wie Schuppen von den Augen: Daisuke Nishina war niemals unter diesen Bäumen gewandelt, er hatte sie nicht einmal gesehen. Diese mächtigen, massiven Zedern, egal wie alt sie auch sein mochten, mußten viel jünger sein als der endgültige Weggang Daisukes. Diese riesigen Pfeiler waren ein Sinnbild des Uralten, und doch gehörten sie zur Zeit Daisukes noch einer entfernteren Zukunft an. Sie waren erst lange nach Daisukes Abreise angepflanzt worden, so alt ist die Togakure-Ryu-Tradition!

Vormittags erreichten wir das innere Heiligtum des Togakure-Schreins. Hoch auf einem felsigen Vorsprung, nahe am Gipfel, von dem wehenden Grün der Farnstauden und Bäume umringt, lag die Gruppe der heiligen Gebäude, um derentwegen wir den langen Marsch unternommen hatten.

Ein Wärter in weißem Arbeitskimono und Hakama nickte uns zur Begrüßung kurz zu und kümmerte sich dann wieder um seine Arbeit. Rumiko und ich gingen schweigend über die kleine Lichtung – wir hörten nur das Rauschen des Windes in den Bäumen und das Läuten einer fernen Glocke. Der Himmel bedeckte sich leicht, und eine stahlgraue Farbe ersetzte nach und nach das leuchtende Blau. Unter uns erstreckte sich kilometerweit das Tal, erst weit weg von einer Bergkette abgeschnitten. Auf diesem heiligen Berggipfel schien die Zeit stehengeblieben zu sein.

Kleine kapellenähnliche Gebäude erwiesen den legendären Figuren der geistigen Kultur Japans eine malerische Hochachtung. Ähnlich wie die jüdischen Propheten oder die christlichen Heiligen der westlichen

Welt verehren hier der Shintoismus die Kami und der Buddhismus die Boratsu und weisen voller Ehrfurcht auf die Bedeutung dieser Menschen im kosmischen Lauf der Dinge hin, der der Menschheit den Frieden der Erleuchtung bringen soll.

Als ich in stummer Kontemplation auf diesem heiligen Gipfel über dem Togakure-Dorf saß, dämmerten neue Einsichten in meinem meditativen Bewußtsein und fingen an immer stärker zu glühen. Viele Wissensstückchen, die ich im Laufe meiner Ninjutsu-Trainingsjahre als unbedeutend oder Zufall abgetan hatte, schienen plötzlich wieder in mir emporzusteigen, nahmen Gestalt an, und siehe da, sie paßten zusammen und formten ein lebensgroßes Puzzle.

Toh Gakure, die »Verbergende Tür«. Der Name des Dorfes und des Berges und die Quelle der Kriegskunst, zu der ich mich zähle, stammen alle von der Legende des Kosmischen Lichtes und der Weisheit ab, die vor Tausenden von Jahren hinter einer Steintür glühten. Genau wie die Steintür Amaterasu Omikami versteckt hielt, hatte der Togakure-Ryu durch die Jahrhunderte hindurch wie ein Schutzschild gewirkt, das die Weisheit des Lebensstils der japanischen Bergmystiker verbarg, bis die Geschichte den Menschen an den Punkt brachte, an dem dieses Wissen benötigt wurde und von einer aufgeklärten Menschheit verstanden und aufgenommen werden konnte.

Könnte es nicht sein – wie der Großmeister es selbst angedeutet hatte –, daß die ersten achthundert Jahre des Togakure-Ryu nur dazu bestimmt waren, die Grundlagen zu legen und die lebende Generation die Übergangszeit zu den nachfolgenden darstellt, während derer das wahre Wesen des Wissens und der Lebensweise der Ninja aus dem Schatten heraustreten wird, um vollends zu erblühen? Könnte es nicht sein, daß das »Goldene Zeitalter des Ninjutsu« nicht die Bürgerkriegsperiode des mittelalterlichen Japans war, sondern daß diese Zeit uns erst noch bevorsteht?

Zum ersten Mal in meinem Leben konnte ich das Gewicht und die Verantwortung der achthundertjährigen Togakure-Ryu-Tradition auf meinen Schultern spüren. Als Kampfsportlehrer hatte ich es immer als aufregend empfunden, ein Teil eines so alten, tiefgehenden und historischen Stils zu sein, doch es war mir niemals zuvor in den Sinn gekommen, daß unser Ryu wesentlich mehr als ein bloßer Kampf»stil« ist. Erstaunt stellte ich fest, daß ich den Bereich der reinen Kampfkünste verlassen hatte, wenn man diesem Wort die Bedeutung gibt, die ihm die Massen der heutigen kampfanzugbewehrten Schläger und Treter auf der ganzen Welt geben. Ich befand mich auf einem Lebenspfad, auf dem die körperlichen Kampffertigkeiten lediglich den ersten Schritt darstellten. Diese neue Einsicht, die mich bis ins Herz traf, nahm ich voller Erschütterung zur Kenntnis.

Das Shidoshi-Beglaubigungsschreiben, das mir mein Lehrer verliehen hatte, bekam angesichts dieses Bewußtseinszustandes eine ganz neue Bedeutung. Es war mehr als ein einfacher Titel oder ein Beleg auf einem Blatt Papier; es war das Symbol der Erfüllung meines Lebens auf meinem Weg zur Tradition des Togakure-Ryu. Dieses Dokument, mit seinen Siegeln und aufgedruckten Unterschriften, war der greifbare Beweis für alles, was das Schicksal mir versprochen und ich mir genommen hatte.

Als ich die Berge anblickte, die das Togakure-Dorf beschützten, die tönenden Schreie der Falken und Krähen über mir vernahm und die reine, frische Luft einatmete, fühlte ich mich wie neugeboren. Wie gut es ist, sich als Teil des Ninja-Erbes zu fühlen. Die Suche nach dem geistigen Weg des Kriegers hatte mich so viel weiter gebracht, als ich es mir jemals vorgestellt hatte, als ich vor einer halben Lebensspanne mit meinem Training begonnen hatte. Ich hätte sagen können, daß ich überrascht war, doch in Wirklichkeit hatte ich irgendwie schon immer tief in meinem Herzen gewußt, daß dies der für mich bestimmte Weg war. Ich befand mich genau dort, wo ich sein sollte; ich war auf dem Weg nach Hause.

Stephen K. Hayes, im Mai 1983

Inhalt

忍

Erstes Kapitel

Der Pfad:
Die Suche des Kriegers als Weg der Entdeckung

Denjenigen, die die Erleuchtung suchen,
sei geraten,
in ihren Herzen die beruhigende Wahrheit aufzubewahren,
daß das Innere des Universums groß genug ist,
um bequem
alle Paradoxa beinhalten zu können;
all die Stücke des Puzzles,
die wir bis jetzt nicht berührt haben.

Im Vergleich zu der riesigen Ewigkeit des Universums sind wir bloß winzige Energiefunken, und doch hat jeder von uns während seiner irdischen Existenz ein Stück einer großen Weisheit zu erkennen und zu bewältigen. Entgegen den Behauptungen und Versprechungen einiger fundamentalistischeren Religionen sind wir nicht hier, um alle zu den gleichen Einsichten zu gelangen. Wir sind nicht alle hier mit den gleichen Fragen, und darüber hinaus kann man mit großer Sicherheit sagen, daß eine bestimmte Antwort keineswegs allen Suchenden zur gleichen Zufriedenheit gereicht.

Es gibt viele Pfade des Lebens, die jedem von uns offen stehen, um zu persönlicher Erfüllung und Erleuchtung zu gelangen. So gibt es den geistigen Weg, den Weg des Heilens, den Weg des Handels, den Weg des Artisten, den Weg des Herrschers und den Weg des Dieners. Dies sind nur einige Beispiele, die Wirklichkeit zeigt uns zahllose weitere auf. Meine Lehrer, meine Schüler und ich, wir haben den Weg des Kriegers eingeschlagen.

Der erste, und für viele auch der schwerste Schritt besteht darin, den für sich geeigneten Weg zu entdecken. Früher war es üblich, den Weg einzuschlagen, der einem von Geburt an aufgezwungen wurde. Heute gibt die Welt dem einzelnen Menschen mehr Freiheit, und das Auffinden des richtigen Weges zur Erleuchtung kann manchmal leichter sein, oder sich aber angesichts der verwirrenden Vielfalt der Möglichkeiten zu einem wahren Alptraum entwickeln. Einige erkennen ihren Weg schon in der Kindheit und verfolgen ihn seither geradlinig und zielstrebig. Für andere sind die Erfahrungen und Umgebungen der späten Jugend ausschlaggebend für das Erkennen des richtigen Lebensweges. Es kommt sogar vor, daß dies erst in der Lebensmitte, ja sogar im hohen Alter geschieht. Ein radikaler Lebenswandel wird dann vom späten Finder vollzogen. Wieder andere finden ihren Pfad nie und leben in stiller Verzweiflung oder Frustration, Verbitterung und Verwirrung.

Dabei ist zu bemerken, daß der Pfad selbst nicht die wichtigste Lehre ist, sondern bloß ein Mittel darstellt, um uns zu der Bedeutung dieser Lehre hinzuleiten. Die Notwendigkeit, sich dem Pfad vollkommen anzuvertrauen, und die Fähigkeit, im selben Augenblick der Bewußtheit zugleich Vergangenheit, Gegenwart und Zukunft zu sehen, zeigen uns, wie wichtig es ist, zu einem aktiven Teil des Universums zu werden – dies ist das Resultat, auf das man immer stößt, ganz gleich, welchem Weg man sich anvertraut und mit Ergebenheit und Begeisterung folgt. Der Weg ist bloß das Mittel zum Zweck; er darf niemals zum Selbstzweck werden.

Zum größten Erstaunen des Suchenden kann das mögliche Ergebnis oft darin bestehen, zusätzliche Informationen über das zu erhalten, was der eingeschlagene Weg eigentlich lehren sollte. Diejenigen, die dem Weg des Heilens folgen, entdecken möglicherweise die Kraft des individuellen Willens zur Erhaltung der Gesundheit; sie sehen auch, daß es nicht möglich ist, Menschen zu heilen, die innerlich eine Heilung von vornherein ablehnen. Diejenigen, die den Pfad des Dieners eingeschlagen haben, finden vielleicht heraus, daß es für das harmonische Zusammenleben einer Gemeinschaft oder sogar der ganzen Welt nötig ist, daß jeder einzelne Beteiligte seine eigenen Kräfte entfalten muß, um seiner eigenen Familie zu dienen und sie zu erhalten. Diejenigen, die sich auf dem geistigen Pfad befinden, sehen, daß der Schlüssel zum Erkennen und Verstehen des kosmischen Wirkens oft in den alltäglichsten Dingen zu suchen ist, und diejenigen, die den Pfad des Kriegers gewählt haben, kommen zu der Einsicht, daß jeder Konflikt sinnlos ist und sie strengen sich an, die Kraft und Unverwundbarkeit zu entwickeln, die die Freiheit gewähren, Liebe und Großmut zu wählen.

Genauso wie früher bedeutet auch heute das Befolgen des Weges zur Erleuchtung, daß der in Frage kommende Krieger in vielen Fällen zu einem bestimmten Zeitpunkt zu einem *Musha Shugyo,* d.h. zu einer Irrfahrt aufbrechen muß. Das Musha Shugyo beraubt den Kämpfer der Bequemlichkeit seines Heimatortes und der heimeligen Umgebung seiner Familie und setzt ihn Situationen aus, welche nur mit größter Findigkeit, Einfallsreichtum oder Anpassungsvermögen siegreich überstanden werden können. Ein geordneter Tagesablauf, die Hilfeleistungen von Freunden oder Familie, die geistige Beruhigung, sich in der Heimat zu befinden und vielleicht sogar die Muttersprache müssen aufgegeben und zurückgelassen werden, wenn man diesen Weg einschlägt.

Ironischerweise bilden gerade diese negativen Umstände, denen man sich freiwillig aussetzt, die Voraussetzung des geistigen Wachsens auf dem Weg des Kriegers. Weil der wandernde Krieger täglich unbekannte, ihm manchmal komisch vorkommende Situationen meistern muß, wird er gezwungen, alle Bequemlichkeiten und festgefahrenen Gewohnheiten abzulegen, um sich ein flexibleres, den verschiedenen Umständen entsprechenderes Benehmen anzueignen. Das Musha Shugyo zwingt den Bewerber, nach neuen Lösungen Ausschau zu halten. Wir müssen unsere alten, beschränkten Reaktionsnormen aufgeben und werden auf diese Weise offen für neue Einsichten. Das eiserne Festhalten an dem alten Lebensstil mit der Hoffnung, sich bloß einige zusätzliche Entdeckungen aneignen zu können, liegt nicht im Sinne dieses Weges: eine derartige Handlungsweise verhindert das Erreichen des Zieles. Nur das vorbehaltlose Beseitigen aller Normen und Schranken ermöglicht ein totales Eintauchen in das Kraftpotential, welches das Ziel der Suche des Kriegers ist. Das Musha

Shugyo ist die Zeit des Loslassens einengender Glaubenssätze, um zur Freiheit zu gelangen; folglich darf man keinesfalls hingehen und sich noch zusätzliche Bürden und Einschränkungen aufhalsen.

Die Geschichte des Musha Shugyo von Musashi Miyamoto ist wahrscheinlich die berühmteste aller japanischen Sagen. Dieser legendäre Fechtmeister durchzog Japan während des 17. Jahrhunderts auf der Suche nach dem Wesen des Weges. Nach einer lebenslangen Reise und zahllosen siegreich bestandenen Kämpfen ließ sich Musashi schließlich als alter Mann nieder, um seine Weisheit weiterzureichen und andere auf dem Weg zu leiten. Seine Abhandlung über die Strategie, das *Gorin no Sho,* ließ er kurz vor seinem Tode in einer Höhle des Kinbo-zan-Berges von Kunamoto niederschreiben, in der er seine zwei letzten Lebensjahre verbrachte. Sein ganzes Leben war erfüllt von Opferbereitschaft und völliger Selbstaufgabe auf seinem Weg auf dem Pfad des Kriegers.

In unserer Togakure-Ryu-Tradition gibt es in jeder Generation reichlich Musha-Shugyo-Beispiele. Toshitsugu Takamatsu, der 33. Großmeister und Lehrer meines eigenen Lehrers, hielt sich während des turbulenten Beginns unseres Jahrhunderts einige Jahre in China auf. Masaaki Hatsumi, der derzeitige Großmeister, reiste quer über die ganze Honshu-Insel, um zu seinem Lehrer zu gelangen. Die Geschichte meiner eigenen Japanreise und Lehrjahre ist in anderen Büchern beschrieben.

Der Togakure-Ryu selbst ist das Resultat eines erzwungenen Musha Shugyo im Leben von Daisuke Nishina, der unser Ninjutsu-System Ende des 12. Jahrhunderts gegründet hat. In seiner Jugend wurde Daisuke in den Methoden des Shugendo des Togakure-Berges unterrichtet. Diese Philosophie konzentriert sich auf die Askese des Kriegers und auf die Entwicklung von Fähigkeiten, die es erlauben, in Einklang mit dem Lauf der Natur zu kommen und diesen nach Belieben zu verändern. Das Bergdojo der Togakure-Shugenja-Krieger war während der Herrschaft des Tenmu Tenno im Jahre 637 von dem Kriegermönch En no Gyoja gegründet worden. Seine Lehren wurden während fünfhundert Jahren von Generation zu Generation weitergereicht, bis der junge Daisuke mit diesen scheinbar magischen Methoden der Selbstverteidigung der kriegerischen Mystiker in Berührung kam. Zusammen mit diesen wilden heiligen Männern aus den Bergen setzte der Jüngling sich den Naturelementen aus, erforschte die Grenzen seines Körpers, seiner Gefühle und seines Intellektes, um fähig zu werden, alles zu transzendieren und jene geistigen Höhen zu erreichen, die einem »die Augen und den Geist Gottes« verleihen.

Jahrelang übte sich der junge Daisuke auf dem Joshinetsu-Plateau in den körperlichen und geistigen Ausdauertests seiner einsiedlerischen Lehrer. Seine Begeisterung für die Methoden des Himmels, der Erde und der Menschen, welche seine fanatischen Mentoren verkörperten, wurde auf eine harte Probe gestellt, als Heike-Truppen in die Gegend einmarschierten, um den lokalen Widerstand zu brechen. Der Teenager Daisuke ergriff daraufhin im Jahre 1181 Partei für Kiso Yoshinaka. Nach drei Jahren ununterbrochenem Kampf wurden die Einheimischen besiegt, und die Invasoren beherrschten am Ende des 12. Jahrhunderts ganz Japan.

Daisuke mußte fliehen, um sein Leben zu retten. Er verließ seine Heimat im Norden und wanderte in südwestlicher Richtung bis in die entfernte Iga-Provinz. Hier begegnete er dem mystischen Kriegermönch Kain Doshi, der ihn weiter in die Methoden und Wege eines Kämpfers einweihte. Auf diese Weise erlernte Daisuke neben den Yamabushi-Methoden des Togakure-Berges die äußeren (Omote) und inneren (Ura) Erscheinungen der weltlichen Perspektiven kennen. Er sammelte Erfahrungen beim Erlernen der Beherrschung der Kräfte des Lichtes und der Dunkelheit und erweiterte sein Bewußtsein und seine Sichtweisen.

Um seine Wiedergeburt auf dieser neuen Seinsebene zu feiern, nahm Daisuke Nishina den Namen Daisuke Togakure an. Auf diese Weise gedachte er seiner Wurzeln und ehrte gleichzeitig sein neu erblühendes Schicksal. So wurde der Grundstein zu der Ninjutsu-Tradition gelegt, die späteren Generationen einmal als Togakure-Ryu bekannt sein sollte, der esoterischen Lebensführung der Schattenkrieger des mittelalterlichen Japans.

Es scheinen verschiedene Faktoren zu sein, die es dem Krieger erschweren, den Weg der Erleuchtung zu betreten und ihm zu folgen. Das wahrscheinlich größte Hindernis ist die der westlichen Welt eigene Abneigung, ausschließlich in einen Aspekt der Existenz einzutauchen, egal wie groß die Aussichten auch sein mögen, daß das Einschlagen dieses Weges der Schlüssel zu einem erfüllten Leben ist. Unsere Kultur scheint das oberflächliche Umherschauen der tiefgehenden Bewältigung vorzuziehen. Unterhaltung und Zeitvertreib scheinen wichtiger zu sein als Vertiefung und Beherrschung. Es sieht fast so aus, als würden sich viele Leute davor fürchten, zu professionell auf einem Gebiet zu werden. Dynamische Eigenschaften wie Begeisterung oder Hingabe werden nur allzuoft mit negativen Etiketten wie »Fanatismus« oder »Narzißmus« ausgestattet. Es ist ja viel leichter, sich nicht so viel zu fördern und sich einfach nur mit der großen Masse in die Richtung zu bewegen, die von der Gesellschaft gerade gutgeheißen wird.

Der Weg des Kriegers ist genau das, was sein Name uns sagt: es ist ein Weg, der jeden Tag unseres Lebens in Anspruch nimmt und uns die Möglichkeit gibt, jene Erfahrungen zu sammeln, die uns an unser letztes Ziel, die Erleuchtung, heranbringen. Sich einen weißen Kampfanzug anzu-

schaffen und einen Scheck für die Prüfung zum gelben Gürtel auszufüllen, ist *nicht* dasselbe, wie sich auf den Weg des Kriegers zu begeben. Es ist durchaus möglich, eine Kriegskunst aus Spaß zu erlernen, doch ein solcher Freizeitsportler darf nicht mit einem Suchenden auf dem Weg verglichen werden. Der Pfad des Kriegers ist eine immerwährende, lebenslängliche, alles konsumierende Verpflichtung, die keine Abweichungen zuläßt. Dies überschreitet ein reines Hobby bei weitem.

Eine andere Schwierigkeit für diejenigen, die sich auf den Pfad begeben wollen, liegt in der Tatsache, daß es nur sehr wenige Personen gibt, die fähig sind, einem Schüler den richtigen Weg zu zeigen. Die große Mehrzahl der heutigen Kampfkunstlehrer hat keine oder nur äußerst begrenzte persönliche Kampferfahrungen. Die sogenannten »Kriegskünste« werden heutzutage im Westen wie im Osten durchweg als Sportart oder einfaches Fitneßtraining gelehrt. Man findet paradoxerweise nur sehr wenig Kriegerisches bei den meisten dieser Systeme vor.

Um dies zu belegen, braucht man bloß einige Dojos zu besuchen, dem Training zuzuschauen und sich dann einige grundlegende Fragen zu stellen:

- Bewegen sich die Angreifer bei dem Training so, wie es richtige Aggressoren auf der Straße tun würden oder beschränken sie sich dabei auf aufgezwungene, stilisierte Techniken dieses Stils?
- Üben die Schüler die Anwendung der gebräuchlichsten modernen Waffen oder sind Messer, Pistole und Knüppel während des Trainings verboten?
- Werden wirksame Abwehrtechniken gegen derartige bewaffnete Angriffe gezeigt?
- Sind Trainingsmöglichkeiten und nähere Umgebung abwechslungsreich gestaltet und typisch für den Lebensraum der Übenden oder entsprechen Trainingshalle und Kampfanzug nicht diesen Gegebenheiten?
- Wird den Schülern beigebracht, sich gegen jeden Angriffstyp (Schläge, Griffe, bewaffnete Überfälle, Verteidigung gegen mehrere Gegner) zur Wehr zu setzen oder beschränkt man sich auf eine bestimmte Kategorie und tut so, als gäbe es die anderen nicht?

Wie haben wir doch die Kriegskünste verkümmern lassen! Die einst dynamischen, aktionsgeladenen Lebenswege, die von einem ungewissen Schicksal immer weiter zu neuen Höhepunkten getrieben wurden, werden leider in vielen modernen Schulen zu einer Ansammlung von dümmlichen Scharaden degradiert. Genau definierte, formalisierte Bewegungen ersetzen heute den einst kreativen Gebrauch der natürlichen Waffen.

Übermäßig strukturierte Kämpfe haben überspannten Egos Nahrung gegeben und die Spezialisierung auf einzelne Tricks begünstigt; das wichtigste Konzept, nämlich jenes der totalen, ungezügelten Absicht, wurde bei dieser Entwicklung abgenutzt und verwässert. Das entspannende Fehlen der Perspektive eines echten Kampfes ließ viele Lehrer faul werden und die Bedeutung des Wortes »Kriegs«kunst vergessen. Der ehrwürdige Pfad des Kriegers wurde durch einfachere, bequemere Methoden ersetzt, die jedoch letztlich nirgendwohin führen.

Das Musha Shugyo des Kriegers könnte man mit einer Reise zu dem heiligen Schrein vergleichen. Wenn die Wanderung beginnt, sind wir uns ganz klar bewußt, daß es nur einen richtigen, passenden Weg gibt, der uns zum Ziel führt. Wir schlagen ihn ein mit der Gewißheit und der festen Absicht, dieses Ziel zu erreichen. Während des Gehens begegnen wir jedoch anderen Wegen, die attraktiver zu sein scheinen und eine bequemere oder kürzere Reise versprechen. In unserer Verwirrung finden wir sogar möglicherweise heraus, daß diese Irrwege dem äußeren Bild, das wir von einer Kriegskunst zu haben glauben, viel näher kommen als der eigentliche Pfad. Anstatt dem richtigen Weg zum Schrein zu folgen, vergeuden wir unsere Energien auf irgendwelchen Nebenwegen, die uns noch weiter vom Ziel entfernen; wir fühlen uns von kurzfristigen Reizen angezogen und verspielen auf diese Weise jede Möglichkeit, jemals zum Schrein zu gelangen. Das Ziel bleibt unerreicht; wir finden unser Zuhause niemals.

Als geistigen Anker, der ihm jegliches illusorische Abschweifen verhindern hilft, kann der angehende Krieger Zuflucht bei der dreifältigen Kraft der kriegerischen Tradition suchen. Dieser Akt bedeutet keinesfalls, daß man von diesem Augenblick an hoffen oder gar wünschen darf, daß nun jemand sich erbarmt und einem die sofortige Erlösung schenkt oder wenigstens allen Anstrengungen ein Ende bereitet. Nichts dergleichen wird geschehen, keine fremde Kraft wird einen beseelen oder leiten, nichts wird einen in irgendeiner Weise verändern. Zuflucht zu einer kriegerischen Tradition nehmen heißt, die Möglichkeiten unseres eigenen Potentials im Hinblick auf die geistige Entwicklung anzuerkennen, die von unseren Mentoren gefördert wird. Unser Ziel zeigt uns die Richtung vor, in die wir uns bewegen müssen, um immer auf dem rechten Pfad zu bleiben.

Der historische Ryu bildet den ersten Zufluchtsort. Er wird in jeder Generation durch sein Oberhaupt verkörpert, dem der Titel *Soke* verliehen wird. Es hat die Verantwortung, das Wissen, das es von seinem Lehrer (dem Soke der vorigen Generation) geerbt hat, an die Schüler des Ryu (die folgende Generation) weiterzureichen. So kommt es, daß der Soke ein Bindeglied zwischen der geschichtlichen Vergangenheit und dem zukünftigen Schicksal dieser Tradition darstellt. Obschon er in der Gegen-

Historische Perspektive und moderne Anwendungsmöglichkeiten stellen einen wichtigen Teil der Tradition und des Trainings eines Ninja dar. Auf diesem Bild wird ein Schwertkämpfer gezeigt, der sich in einem klassischen Kampf gegen zwei Speerträger zu Wehr setzt.

wart wirkt, hat er die Möglichkeit, gleichzeitig in die Vergangenheit und in die Zukunft zu blicken. Er kann aus dem schier unerschöpflichen Erfahrungswissen der vorangegangenen Jahrhunderte schöpfen, um sich Einsicht und Hilfe zu sichern. In einem Krieger-Ryu trägt der Großmeister das Gewicht, die Macht und die Autorität aller seiner Vorgänger auf seinen Schultern. Jeder nachfolgende Großmeister und jede Generation verleihen dem Ryu und seinen Mitgliedern eine zusätzliche Kraftdimension.

Ein authentischer Kriegskunst-Ryu läßt sich nicht so einfach gründen; es ist keinesfalls eine angenehme Ausweichmöglichkeit für einen x-beliebigen Möchtegernmeister, der mit keinem anderen zeitgenössischen System zurechtkommt. Beim Togakure-Ryu-Ninjutsu wurde die kriegerische Tradition erst unter diesem Namen bekannt und festgelegt, als sie sich in ihrer dritten Generation befand. Erst zu diesem Zeitpunkt fanden es die Nachkommen Daisuke Togakures für angebracht, ihren Lebensstil und ihre Tradition als »Ryu« anzusehen und sich als Krieger des Togakure-Ryu zu bezeichnen.

Aus diesem Grund bedeutet das Flüchten in einen Ryu, daß man dem Lehrer, der das Wesen des Ryu verkörpert, blindes Vertrauen und grenzenlosen Glauben entgegenbringen muß. Der Lehrer selbst profitiert von seinen eigenen Einsichten und der kollektiven Kraft der vergangenen und gegenwärtigen Generationen.

Der zweite Zufluchtsort ist die Gemeinschaft der Ryu-Mitglieder, welche zusammen auf der Suche nach dem Wissen sind. Jeder Großmeister versammelt eine Familie von gleichgesinnten Suchenden um sich, denn ohne eine Gemeinschaft aktiver Mitglieder ist ein Ryu dem Tod geweiht. Sobald die kraftvolle Tradition des Siegens sich im Laufe der Generationen aufbaut, kommt die Gemeinschaft der Übenden in den Besitz einer starken geistigen Lebenskraft. Jeder, der vom Schicksal dazu bestimmt ist, zu einem Teil des Ryu zu werden, fühlt diese Kraft immer stärker in seinem Leben pulsieren. Ähnlich einer riesigen, vibrierenden Stimmgabel, die alle anderen näherkommenden Stimmgabeln zum Erklingen bringt, wird der Ryu zu einer immer größeren Saite, in der die Leben seiner Mitglieder harmonisch mitschwingen. Kraft erzeugt Kraft. Hält man sich beim Erfolg auf, so wird man selbst erfolgreich.

Ein Teil der Gemeinschaft zu werden bedeutet, seinen Platz in dem dynamischen, farbenreichen Panorama von Personen einzunehmen, um zusammen unter der Führung des Soke auf dem gleichen Weg des Kriegers zu marschieren. In einer unverfälschten historischen Ryu-Tradition wirkt die Gemeinschaft wie eine echte Familie. Ältere Mitglieder können Respekt und Unterstützung erwarten entsprechend den Fortschritten, die sie gemacht haben und der Verantwortung, die sie innehaben. Jüngeren Mitgliedern wird Liebe und Führung entgegengebracht, wenn sie Glaube, Loyalität und Bestimmtheit in ihrem Benehmen vorzeigen. Jeder Gefährte, egal wie weit fortgeschritten er ist, wird wegen der Einzigartigkeit seiner Persönlichkeit respektiert und geachtet, da er seine gesamte Kraft und seine Talente in den Dienst des Ryu stellt.

Sich der Gemeinschaft anvertrauen bedeutet also, sich bei der Suche auf das großzügige Verständnis der Kameraden verlassen zu können und gleichzeitig bereit zu sein, die Liebe und Anerkennung der Familie zu empfangen und zu erwidern.

Der dritte Zufluchtsort setzt sich aus den tieferen Wahrheiten zusammen, die sich hinter den Trainingsmethoden des Ryu verbergen. Von den Gründungsjahren bis zur Gegenwart haben die Großmeister Zeit gehabt, diejenigen Techniken, Methoden und Strategien auszuwählen, die dem Ausübenden eine größtmögliche Erfolgschance versprechen. Früher bedeutete der Gebrauch einer falschen, unangepaßten Technik im Kampf unweigerlich den Tod des Ninja. Aus diesem Grund hatten nur wirksame Techniken Aussicht, den Weg vom Kampfplatz zurückzufinden, um in die Kampfmethode des Ryu aufgenommen zu werden. Nicht ausgereifte, zweifelhafte Methoden waren dazu bestimmt, zusammen mit dem Krieger zu sterben, der die Nachlässigkeit begangen hatte, diese Technik anwenden zu wollen. Eine ständige Reinigung der Kampfmethode war die Folge.

Auf die gleiche Weise wurden die geistigen Lernmethoden, die den Schüler zur Erleuchtung führen sollten, im Laufe der Generationen der strengen Prüfung der Zeit unterworfen. Eine Zeitspanne von Jahrhunderten stand den Meistern zur Verfügung, um die Wege zum *Satori,* d.h. zur geistigen Harmonie zu vervollständigen und zur Perfektion zu führen. Nur derartig langfristige Forschungen können zum Ausarbeiten der Weisheiten führen, welche den Weg zur Erleuchtung vorzeigen.

Zuflucht bei diesen Methoden suchen bedeutet, hundertprozentiges Vertrauen in lebensrettende Techniken zu haben, die von unzähligen Generationen im Kampf auf Leben und Tod entwickelt, verbessert und perfektioniert wurden. Kampf- und Erleuchtungsmethoden eines historischen Kriegs-Ryu haben die Prüfungen der Zeit bestanden – sie sind keinesfalls graue Theorien, der Phantasie eines Einzelnen entsprungen.

Mit seinem ganzen Wesen Zuflucht bei der Ryu-Tradition (dem Lehrer), der Ichi (der Familie/Gemeinschaft) und dem Ho (der tiefen Wahrheit der Techniken) zu suchen bedeutet, um die Kraft zu wissen, die einer vollständigen Identifizierung mit dem Weg eines Kriegers entspringt. Jedes Verringern dieser dreifachen Bindung bedeutet eine Herabwürdigung der Kriegskunst zum reinen Hobby und kann zu einem gefährlichen Ungleichgewicht im Leben eines Lernenden führen.

Jemand, der seine Aufmerksamkeit allein dem Ryu und dem Meister zukommen läßt und dabei die Gemeinschaft der anderen Schüler und die zu beherrschenden Techniken ignoriert, ist bloß dem Namen nach ein Krieger. Dies sind Leute, denen es nur darauf ankommt, mit dem Ruf des Ryu zu prahlen. Die Familie und die zu erlernenden Techniken werden als lästig abgetan und beiseitegefegt.

Jemand, der seine ganze Aufmerksamkeit der Familie zuwendet und dabei den Ryu und seine Lehren vernachlässigt, setzt sich der Gefahr aus, zu einem Herdenmenschen zu werden, dessen Persönlichkeit und Selbstachtung davon abhängig ist, inwiefern er bei den Aktiven Anerkennung findet. In seinen extremen Formen erniedrigt dieses Phänomen den Weg des Kriegers und verleiht der Schule eine Heimfunktion.

Jemand, der seine gesamte Aufmerksamkeit den körperlichen Techniken entgegenbringt und dabei sowohl die Ryu-Tradition als auch die Unterstützung der Familie vernachlässigt, setzt sich der vielleicht größten Gefahr aus. Vor mehreren Jahrhunderten wurde die Kunst des Ninjutsu durch viele Faktoren in Verruf gebracht; eine dieser Ursachen war das Loslösen von *Genin* (Agenten) von der Weisheit und der Leitung des *Jonin* (des Oberhauptes). Ninjutsu besteht nicht aus einer Ansammlung von mechanischen Fähigkeiten, die nach Belieben von jedem angenommen werden können, der sich Ninja nennen möchte. Diese Leute, die sich ausschließlich mit körperlichen Techniken abgeben, setzen sich der Gefahr aus, verwirrt durch das Leben zu irren, ohne Meister, Richtung und Ziel. Sie sind ein leichtes Opfer von Zufällen, deren Zusammentreffen sie sich in ihrem ganzen Leben nicht hätten erträumen lassen. Man kann nicht oft genug vor einem derartigen Mangel an Bewußtsein warnen, da er äußerst gefährliche Folgen haben, ja sogar zum Tod führen kann. Diese Weisheit wurde immer wieder vom Lauf der Geschichte bestätigt und ist auch heute noch genauso richtig wie früher.

Ohne die Leitung eines erfahrenen Lehrers ist jeglicher Fortschritt bestenfalls langsam und qualvoll. Unzählige Hindernisse, falsche Methoden und Versuchungen säumen einen derartigen Weg. Der Führerlose kann so viele Fehler machen, daß die Chancen, auf eine überholte, unpraktische Kampfart zu stoßen, weitaus größer sind als die Möglichkeit, durch Zufall den rechten Weg zur Erleuchtung zu finden. Ohne die Hilfe derer, die sich auf dem Pfad befinden und schon praktische Erfahrungen beim Einüben der pragmatischen Techniken gesammelt haben, ist es kaum möglich, den Weg des Kriegers zu meistern. Der Intellekt versteht es, viele illusorische Versuchungen zu schaffen – schön verpackte (jedoch unvollständige) Erklärungen oder bequeme, vernünftig scheinende Abkürzungen –, und man braucht einen fast übermenschlichen Willen, um all dieser unwirksamen Kriegskunstmarotten Herr zu werden und unbeirrt den geraden Weg des Kriegers weiterzugehen. Sucht man hingegen Zuflucht bei dem Großmeister, dem Ryu, der Gemeinschaft der Suchenden und den Gesetzen des Universums, die sich in den Techniken widerspiegeln, so bedeutet dies, daß man sich eine solide, verläßliche Basis schafft, die es einem ermöglicht, über sich selbst hinauszuwachsen und das Ideal des Kriegers anzustreben.

Dank der Kraft des Ryu und der Führung aller, die uns vorangegangen sind, vermögen wir den Weg mit einer unerschütterlichen Zuversicht einzuschlagen. Wir können fest darauf vertrauen, daß allen Versuchungen und Schwierigkeiten furchtlos entgegengesehen werden kann; sie werden bezwungen werden und in Einsichten verwandelt, die uns helfen, die Erleuchtung zu finden, nach der wir streben. ■

忍

Zweites Kapitel

Der Zustand der Erleuchtung: Ziel und Verlauf des Trainings eines Kriegers

Es ist eine ermutigende Entdeckung,
wenn man plötzlich herausfindet,
daß das Herz der eigenen Seele
der weiseste Priester ist,
den man finden kann.

In den westlichen Kulturen wird das Wort »Erleuchtung« oft gebraucht. Es ist schnell zur Hand und doch schwer zu definieren. Meistens stellt man sich darunter ein Gefühl vor, eine Art Super-Verständnis, oder ein Stadium, in dem Feierlichkeit und Heiligtum vorherrschen, doch auf ihrer wahrsten und wichtigsten Ebene kann die Qualität der Erleuchtung mit keinem dieser niederen Stadien verglichen werden. Erleuchtung ist nicht das Ergebnis gefühlsmäßiger intellektueller oder religiöser Prozesse. Es ist uns nicht möglich, eine Vorstellung von der Erleuchtung zu vermitteln, da diese Wirklichkeit sich nicht in Worte fassen läßt; jeder derartige Versuch führt nur dazu, den Suchenden noch weiter von seinem Ziel abzubringen.

Man kann Erleuchtung suchen und verschiedentlich wird sie sogar den Suchenden überraschen, wenn sie in ihm zu erblühen beginnt. In den meisten Fällen jedoch liegt der Schlüssel zum Stadium der Erleuchtung im Gehenlassen des ehrgeizigen Strebens um Anerkennung und im Sich-selbst-verlieren in einer allesumfassenden Aktivität oder Situation. Dieses Gefühl der Selbstlosigkeit kann das Produkt einer Einswerdung mit einer glorreichen Umgebung oder einem bedeutungsvollen Ereignis sein oder einfach nur aus dem Abstreifen aller Zwänge und dem Verschmelzen mit einer einfachen Handlung bei gleichzeitiger Beruhigung des Geistes herauswachsen. Zuerst scheint man nur die eigene Teilnahme zu beobachten, möglicherweise bis zu der Ebene des Erkennens der erfahrenen Befriedigung, doch dann wird die Beobachtung tiefer, bis der Beobachter und das Beobachtete miteinander verschmelzen und jedes Gefühl des Zweiseins verschwindet. Denkt man an einen solchen Augenblick zurück, erinnert man sich allein an Ehrfurcht, Freude, totales Einssein und Lebenskraft. Im Augenblick des Zustandekommens selbst ist dieses Gefühl des Verschmelzens derart überwältigend und der Geist so entspannt, daß jeder beschreibende Gedanke während dieser Zeitspanne unmöglich ist.

Die Erleuchtung ist ein inneres Phänomen, das in Erscheinung tritt, wenn jegliche unnatürliche, bedrückende Schwere aus unserem Leben ausgeschlossen wird. Sie bringt ein anderes Denken mit sich, das zu Einsichten führt, welche unsere Lebens- und Handlungsweisen grundlegend verändern können. Für den mystischen Krieger bedeutet Erleuchtung, zu der Erkenntnis zu gelangen, daß jedes Ding bloß eine Illusion darstellt. Dieser Aspekt der Erleuchtung beinhaltet oft die erschütternde Wahrnehmung, daß alles, egal als wie »gut« oder »schlecht« es gilt, vom Universum und seinen Teilen als »richtig« und »angepaßt« bewertet wird. Ein derartiger Durchbruch des Verständnisses verschafft großen Trost und Kraft. Vor der Erfahrung der Erleuchtung wird dieser Gedanke natürlich als verwirrend, sich widersprechend, ja sogar absurd abgetan. Diese neue

Erkenntnis bewirkt einen Ausbruch aus den Ängsten und der Hilflosigkeit der dunklen Zeit, in der man den Menschen sagte, sie seien Spielzeuge in den Händen von Göttern und Teufeln und sie dürften den Platz, den ihnen das Leben zugeschrieben habe, keinesfalls verlassen, möge er auch noch so armselig sein. Es gab politische und religiöse (und daher auch wirtschaftliche) Argumente dafür, die Massen in Unwissenheit über ihre eigene Kraft zu lassen. Weniger soziale Unruhen und Wirrnisse waren die gewünschte Folge. Der für diese gesellschaftliche Ordnung zu zahlende Preis bestand unglücklicherweise aus Armut, Leiden, Ausbeutung und einer breiten Mehrzahl von Menschen, die ihr irdisches Dasein ohne persönliche Identität, Würde und Freiheit fristeten.

Eine der klassischen Methoden zur Herbeiführung der Erleuchtung besteht darin, sich allen begrenzenden Bindungen zu entziehen. Diese Hindernisse werden symbolisch als die Bindungen *Name, Elemente* und *Leere* bezeichnet. Wenn ein Krieger sich auf ein Musha Shugyo begibt, dann tritt er eine Reise zu einem höheren, größeren Wissen an, indem er zuerst die Illusionen zerstört, die ihn im Laufe der Jahre gefesselt haben.

Der erste dieser Einflüsse, mit denen man abrechnen muß, ist der *Name* oder, einfacher gesagt, »derjenige, der du in diesem Moment bist«. Im allgemeinen bezieht sich dieser Punkt auf die Vergangenheit; er beinhaltet alles, was man bis zu diesem Zeitpunkt getan hat oder was einem angetan wurde. Somit stellt er eine Art kosmische Abrechnung aller Vorkommnisse dar, die sich scheinbar ohne bewußten Zusammenhang von Ursache und Wirkung zugetragen haben.

Dieser Einfluß besteht aus allen Dingen, gegenüber denen Sie sich in diesem Leben machtlos fühlen. Er bezieht all jene körperlichen, sozialen, familiären, kulturellen und genetischen Aspekte ein, die Sie automatisch erbten, als Sie geboren wurden, ebenso wie Ihre natürlichen Fähigkeiten, Ihre Talente und Neigungen. Ferner gehören Ihre gesamte Persönlichkeit, Ihr Körper und Ihr gefühlsmäßiges Leben in diese Kategorie. All diese Faktoren werden unter der Sammelbezeichnung *Name* zusammengefaßt, da er für alles steht, was Sie sind.

Der zweite Einfluß, dem Sie sich bewußt werden und den Sie überwinden müssen, ist die Wirkung aller äußeren Elemente in Ihrem Leben. Im Normalfall findet dieser Einfluß in der Gegenwart statt und hat Nachwirkungen in der Zukunft; es handelt sich hier um die Art und Weise, wie Sie von jedem Zwischenfall berührt werden, der sich im Rahmen eines sichtbaren Zusammenhanges von Ursache und Wirkung bewegt.

Diesen Einfluß könnte man als jene Dinge bezeichnen, die in Ihrem Leben Ihre täglichen Aktivitäten bestimmen. Ihre Freunde und Feinde, die Stärken und Schwächen, die Sie im Laufe Ihrer Existenz entwickelt

haben, die Art, wie Sie in Ihren Beziehungen vorgehen, all diese Faktoren gehören in diese zweite Kategorie. Ebenso passen die Auswirkungen Ihrer aktuellen kulturellen, politischen und wirtschaftlichen Entscheidungen hierher und Ihre Fähigkeit, alle auftretenden Hindernisse zu bewältigen und die guten Gelegenheiten beim Schopf zu fassen. Diesen zweiten großen Einfluß nennt man *Elemente,* da er für alles steht, was Ihr Leben bestimmt.

Die dritte Sphäre, die Sie sich bewußt machen müssen, besteht in Ihrer Verantwortung für alles, was es in Ihrem Leben gab, gibt oder geben wird. Normalerweise bedeutet Verantwortung, daß man etwas tun muß, zu dem man sich verpflichtet hat. Dies ist auch hier der Fall. Sie müssen wissen und fühlen, daß Sie der einzige sind, der etwas zu tun vermag, um Ihr eigenes Leben zu verändern.

Diesen Einfluß könnte man als den Grad Ihres Willens bezeichnen, den Sie besitzen, um Ihre persönliche, kreative Kraft zur Bestimmung Ihres Lebens einzusetzen. Nur Sie selbst sind verantwortlich für alle Probleme und Triumphe Ihrer Existenz. Sie waren an ihrem Entstehen beteiligt oder unternahmen nichts, um die erstgenannten rechtzeitig zu verhindern. Sie müssen diese Ereignisse als das annehmen, was sie in Wirklichkeit sind – als Lehrer, die Ihnen helfen zu wachsen und weiterzukommen. Diesen dritten großen Einfluß nennt man *Leere,* da er für das ganze, noch nicht konkretisierte Potential steht, das Ihre Zukunft gestalten wird.

Um das, was Sie als die Wirklichkeit kennen, beeinflussen zu können, müssen Sie die Wirkungen der aufgezählten Faktoren erkennen: jener, die Sie von Geburt an haben, jener, mit denen Sie täglich in Berührung kommen, und schließlich jener, über die Sie verfügen, um Ihr Leben in die gewünschte Richtung zu lenken. Gleichzeitig müssen Sie alle Bindungen an die begrenzenden Faktoren unterbrechen, die in diesen drei Persönlichkeitsaspekten vorzufinden sind.

Ist dies geschehen, so erreicht der Suchende auf dem Pfad des Kriegers einen Punkt, von dem aus er die Möglichkeit hat, sein Leben so zu sehen, wie es wirklich ist, und er kommt in den Besitz einer spontanen Anpassungsfähigkeit, die es ihm erlaubt, die Kraft voll auszunützen, die in jedem einzelnen Augenblick seines Lebens ruht. Wenn jene Aspekte des Lebens, die wir unter den Sammelbezeichnungen Name, Elemente und Leere kennengelernt haben, den Krieger nicht mehr länger in ihrem Bann halten, kehrt dieser zurück zu einem »Nullstadium«, zu einem perfekten, neutralen Reichtum an Hilfsquellen. Diese Rückkehr zum Ausgangspunkt vermittelt dem Kämpfer die Fähigkeit, sich zu entspannen und doch mit jedem Umstand fertig zu werden, der in seinem Leben in Erscheinung tritt.

Der »Name« steht für alles, was Ihnen von Geburt an mitgegeben ist. Jede Verbindung zum Namen abbrechen heißt also folglich, jegliche Begrenzung der Person aufzugeben und jeder Schwäche, von der Sie dachten, ein Leben lang damit auskommen zu müssen, ein Ende zu bereiten. Dies ist viel härter, als es im ersten Augenblick aussehen mag. Es bedeutet letztlich, eine Menge bequeme Ausflüchte und selbstbegrenzende Gewohnheiten und Gedanken aufzugeben.

Die »Elemente« symbolisieren Ihre Standardmethoden, die Sie anwenden, um auftauchende Probleme oder Situationen zu bewältigen. Jede Verbindung zu den Elementen abzubrechen bedeutet also, Ihre üblichen, unüberlegten, gewohnheitsmäßigen und möglicherweise gar nicht angepaßten Reaktionsschemata über Bord zu werfen. Auf die gleiche Weise verfährt man mit Vorurteilen (die mögliche Handlungen oder Gedankenwege schon von vornherein abwürgen) oder Meinungen, die jegliches Handeln unmöglich machen. Dies ist sehr schwierig, da es bedeutet, das ganze bisherige Lebensverständnis aufzugeben und persönliche Ideale drastisch zu verändern, ja sogar ganz aufzugeben, da sie in der Gegenwart nicht mehr zu den gewünschten Ergebnissen führen.

Die »Leere« symbolisiert die Kraft, über die Sie verfügen, um die Richtung Ihres Lebens zu bestimmen und es zu formen. Jede Verbindung zur Leere abzubrechen heißt demnach, daß Sie Ihr sinnloses Vorhaben aufgeben müssen, alle Handlungen, Pläne und Wechselwirkungen allein auf rein vernunftmäßige oder mechanische Prinzipien zu gründen. Des weiteren müssen Sie der Vorstellung ein Ende machen, daß alle Erfahrungen in Ihr persönliches Vorstellungsmodell über Wesen und Sein eines jeden Dinges passen. Dies ist sehr schwierig, da es auch bedeutet, daß Sie Ihre Vorstellungen von Vollkommenheit und vom Schicksal neu überdenken müssen. Die persönliche Führung Ihres Lebens und die höhere Führung des kosmischen Laufs der Dinge müssen sich die Waage halten. Ein Ungleichgewicht auf diesem Gebiet kann zu einer doppelten Gefahr führen, da jede Seite ihre spezifischen Risiken für Sie mit sich bringt. So können Sie einerseits Ihr Leben lang einen hoffnungslosen Kampf führen, da Sie unfähig sind, die kosmischen Zeichen in Ihrem Leben zu deuten oder gar zu bemerken. Andererseits ist es auch möglich, daß Sie in eine totale Hilflosigkeit verfallen, da Sie sich nur noch auf das Warten und auf die Hilfe von Geistern, freundlich gesinnten himmlischen Wesen oder mythischen Helfern aus Märchen verlassen, um Ihre Arbeit zu tun, um zur Erleuchtung, zur »Rettung« zu gelangen. Beide Extreme führen unweigerlich zu Enttäuschungen.

Ein Krieger kann unmöglich die Stufe der Erleuchtung erlangen, indem er ein Buch liest oder einer bestimmten Reihe mechanischer Schritte

SITZENDE MEDITATIONSSTELLUNGEN

Jede sitzende Stellung, bei der der Rücken gerade gehalten wird, eignet sich zur Meditation. Am typischsten für die japanischen Kriegskünste sind die »Seiza« (Kniende) Stellung und die Sitzende Stellung mit verschränkten Beinen. Um unnütze Spannungen im tieferen Rücken zu vermeiden, sitzt der/die Meditierende auf einem kleinen Kissen oder einem gefalteten Handtuch. So kann kein körperliches Unbehagen die meditative Konzentration stören.

folgt. Es gibt keine Doktrinen oder Übungen, die Sie zur Erleuchtung führen können. Ein Buch wie dieses kann nur die Möglichkeiten aufzeigen, die das Abstreifen von Schwere und Dunkelheit für jeden von uns mit sich bringt, und eine Vorstellung davon geben, welche Bedeutung das Stadium der Erleuchtung hat.

Folgende Übungen sind als Beispiele gedacht, die einen kleinen Einblick in die erleuchtete Seinsstufe ermöglichen sollen. Sie dürfen jedoch nicht mit dem tatsächlichen Erreichen dieser geistigen Ebene verwechselt werden.

Nehmen Sie eine bequeme sitzende Stellung ein; Ihren Rücken müssen Sie jedoch gerade halten.* Die Seiza-Stellung, die Stellung mit den verschränkten Beinen, und das Sitzen auf einem Stuhl mit vertikaler Rückenlehne sind für den Anfänger als gleichwertig zu betrachten. Wichtig ist, daß Sie ohne die geringste Schwierigkeit ein- und ausatmen können. Schließen Sie Ihre Augen ganz oder schützen Sie sie vor jedem Licht; lassen Sie Ihren Unterkiefer sich etwas senken und entspannen Sie Ihre Hände auf dem Schoß. Suchen Sie Ihr Bewußtsein tief in Ihnen und konzentrieren Sie sich auf die geistige Arbeit. Schließen Sie jegliche äußere Ablenkung aus.

ÜBUNG 1

Um von der Chi-no-Kata(Erde)-Bewußtseinsebene aus zur Einsicht zu gelangen, müssen Sie über die Zerbrechlichkeit, die sich dauernd verschlechternde Vitalität und Unreinheit (Unvollständigkeit) des menschlichen Körpers meditieren. Arbeiten Sie daran, zur Feststellung zu kommen, daß es sinn- und nutzlos ist, Bewußtsein und Prioritäten allein auf eine physische Maschine zu beschränken. Stellen Sie sich vor Ihrem geistigen Auge Menschen verschiedener Altersgruppen und Gesundheitszustände vor. Die Unvorhersehbarkeit einer Krankheit, die Forderungen der verschiedenen Triebe, die Unbeholfenheit der Jugend und das Unvermögen des hohen Alters können alle zusammen gesehen werden, um die Grenzen des Körpers besser zu verstehen.

ÜBUNG 2

Um von der Sui-no-Kata(Wasser)-Bewußtseinsebene aus zur Einsicht zu gelangen, müssen Sie über die Täuschungen und Verblendungen der Sinne meditieren. Arbeiten Sie daran, zur Feststellung zu kommen, daß es schlecht ist, das Bewußtsein und seine Urteile allein auf die starren Qualitäten der Sinneseindrücke zu gründen. Stellen Sie sich vor Ihrem

* Eine tiefergehende Beschreibung der Grundzüge der meditativen Prozesse finden Sie in Band eins, »Die Lehre der Schattenkämpfer«. Die folgenden Übungen stellen eher fortgeschrittene Praktiken dar, die allerdings einer soliden meditativen Grundlage bedürfen, um erfolgreich angewendet werden zu können.

geistigen Auge all die Tricks vor, die die Sinne Ihnen spielen können, wenn Sie die Wahrheit zu beobachten glauben. Vergegenwärtigen Sie sich die äußerst beschränkte Anzahl der Dinge und Vorkommnisse, die durch sogenannte vernunftmäßige, objektive Analyse erklärt werden können.

ÜBUNG 3

Um von der Hi-no-Kata(Feuer)-Bewußtseinsebene aus zur Einsicht zu gelangen, müssen Sie über die Vergänglichkeit und Unbeständigkeit der Gedanken meditieren. Arbeiten Sie daran, die sich dauernd verändernde Unbeständigkeit des Geistes zu erkennen. Denken Sie daran, wie der Geist alte, einst kompromißlos verteidigte Ideen aufgibt und neue Konzepte aufnimmt, als stellten diese ebenfalls zeitlich begrenzten Gedanken die letzte Wahrheit dar. Sehen Sie in Ihrem meditativen Bewußtsein, wie der Geist sich trotz seiner offenkundigen Unfähigkeit, die universale Wirklichkeit festzuhalten, immer wieder Glaubenssätze einredet oder der Streß einen Geist in einer unharmonischen Umgebung überkommen kann. Veranschaulichen Sie sich, wie der menschliche Geist immer wieder körperliche oder gefühlsmäßige Reaktionen schlecht versteht und falsch darauf reagiert.

ÜBUNG 4

Um von der Fu-no-Kata(Wind)-Bewußtseinsebene aus zur Einsicht zu gelangen, müssen Sie über die Vergänglichkeit des Selbst im harmonischen Lauf der Dinge meditieren. Arbeiten Sie daran, die lange Geschichte unseres Planeten von ihrem dunklen Ursprung bis in die ferne Zukunft zu erfassen und vergleichen Sie diese Erkenntnis mit dem winzigen Augenblick der Epoche, die jedes einzelne Selbst für sich in Anspruch nehmen kann, um seinen Beitrag zum Fortlauf der Geschichte zu leisten. Vergleichen Sie die Bedeutung von persönlichen Problemen, Enttäuschungen, Bemühungen und Triumphen mit der großartigen Geschichte des Kosmos.

ÜBUNG 5

Um den Geist von der Chi-no-Kata(Erde)-Bewußtseinsebene her zu beruhigen, meditieren Sie über die Tendenz des weltlichen, materialistisch orientierten Lebens, den Einzelnen in seinen Bann zu ziehen und zu verbrauchen. Auf diese Weise wappnet man sich gegen die Auswirkungen der Leidenschaften und der Habgier.

ÜBUNG 6

Um den Geist von der Sui-no-Kata(Wasser)-Bewußtseinsebene her zu beruhigen, meditieren Sie darüber, wie man Zu- oder Abneigung in anderen Personen erkennen kann. Auf diese Weise kann man Gefahren rechtzeitig erkennen.

ÜBUNG 7

Um den Geist von der Hi-no-Kata(Feuer)-Bewußtseinsebene her zu beruhigen, meditieren Sie über Ursache und Wirkung. Auf diese Weise wappnen Sie sich gegen die Folgen der Unwissenheit.

ÜBUNG 8

Um den Geist von der Fu-no-Kata(Wind)-Bewußtseinsebene her zu beruhigen, meditieren Sie über die Vielzahl der Standpunkte. Auf diese Weise gelangen Sie zur Einsicht, daß gegensätzliche Meinungen oft gleichzeitig richtig sein können und verdrängen auch alle begrenzenden, selbstsüchtigen Ideen.

ÜBUNG 9

Um den Geist von der Ku-no-Kata(Leere)-Bewußtseinsebene her zu beruhigen, meditieren Sie über das Fließen des Atems als Mittel einer neutralen Konzentration. Auf diese Weise werden Sie sich den Folgen jeder geistigen Ablenkung bewußt.

ÜBUNG 10

Stellen Sie sich vor, daß Sie aus der Zukunft heraus in die Gegenwart zurückblicken, die Ihnen dann natürlich von Ihrem imaginären Standpunkt aus als Vergangenheit vorkommen muß. Versuchen Sie, sich selbst oder Ihre gegenwärtigen Handlungen mit den Augen der Zukunft zu schauen. Dies kann Ihnen eine große Hilfe beim Fällen wichtiger Entscheidungen sein.

ÜBUNG 11

Um sich die Folgen einer Handlung bewußt zu machen, üben Sie sich in der Fähigkeit, vom Augenblick der Handlung aus in die Zukunft zu schauen. Arbeiten Sie daran, die möglichen Resultate zu erkennen, die von einem Sekunde-zu-Sekunde-Bewußtsein erschaffen werden. ■

忍

Drittes Kapitel

Die Unsichtbarkeit der Ninja: Wege der unbemerkten Einflußnahme

Auf die gleiche Weise wie dein Körper
sich gegen erkranktes Gewebe wehrt
und dieses ausrottet,
um zu verhindern,
daß ein weiteres strahlendes Leben unmöglich wird,
nähert sich der Ninja,
geräuschlos und entschlossen,
den giftigen Elementen
der menschlichen Gesellschaft
und bewahrt uns vor jeglichem
fressenden, verderbenden Einfluß.

Es ist anzunehmen, daß die schwarzen Kampfanzüge und Gesichtshauben, die man heutzutage so oft in japanischen Filmen oder Comic-Zeitschriften zu sehen bekommt, während jener Zeitspanne, in der die historischen Ninja ihre geheimen Tätigkeiten ausüben mußten, um Familie und Zuhause zu schützen, nur äußerst selten benutzt wurden. Meist trug der Ninja beim Erfüllen seiner Aufgabe einfache Alltagskleidung. Schon der gesunde Menschenverstand sagt uns, daß jemand, der in einer Burg oder einem Dorf gefangen genommen wurde und dabei einen schwarzen Anzug trug, der keinen Zweifel über die Absicht des Besitzers aufkommen läßt, sofort mit Folterung und Tod zu rechnen hatte. Vergessen wir nicht, daß Ninjutsu damals als Methode der Terroristen und Mörder bekannt und somit strengstens verboten war.

Natürlich gab es auch Zeiten, zu denen sich das Tragen des Shinobi-Shozoku (oder Nin Niku Yoroi), der ja so oft mit dem Ninjutsu in Verbindung gebracht wird, als taktischer oder psychologischer Vorteil erwies. Ein grauer, dunkelblauer oder schwarzer Anzug war perfekt, um in einer schattigen Ecke oder hinter einem Mauervorsprung einer japanischen Festung zu verschwinden. Der traditionelle Ninja-Anzug wurde sogar zeitweise als Tarnung über der normalen Alltagskleidung getragen, welche dem Schattenkämpfer zu einem späteren Zeitpunkt erlaubte, sicher zu entkommen. Gedungene Söldner, die überhaupt nichts mit den Ninja-Clans aus dem Süden Zentraljapans zu tun hatten, zogen manchmal den schwarzen Ninja-Shozoku an. Diese psychologische List sollte ihnen den Anschein echter Ninja geben und ihre Gegner schon von vornherein mit Angst und Schrecken erfüllen. Der Samurai betrachtete bekanntlich den Schattenkrieger als verräterischen, kaltblütigen, moralisch verkommenen, skrupellosen Mörder. Sah er sich nun urplötzlich einer schwarz kostümierten, vermummten Gestalt gegenüber, die ihre Finger zu einem symbolischen Knoten flochte und dabei einen unheimlichen, monotonen Spruch murmelte, so konnte dies zweifellos Schrecken und Zögern in ihm hervorrufen, egal ob der Maskierte ein echter Ninja war oder nicht.

In vielen Fällen ging der Ninja jedoch wesentlich diskreter vor, um seinen Körper den Blicken der Gegner zu entziehen oder seine Anwesenheit geheimzuhalten. Die Methoden des historischen Schattenkriegers, unsichtbar zu werden, waren eine hochentwickelte Kunst, die ein kombiniertes Verstehen und Anwenden der heute unter dem Namen Physik, Psychologie und Physiologie bekannten Wissenschaften beinhaltete. Selbst zu unserer Zeit sind die Prinzipien des *Onshin-jutsu,* der Kunst des Unsichtbarmachens, eine äußerst wertvolle Hilfe für Polizisten, Detektive, Antiterror-Spezialisten und militärische Aufklärungseinheiten.

Um unsichtbar zu werden, kann man verschiedene Methoden anwenden. Die spezifische Situation selbst, die Zeit, die für mögliche Vorbereitungen zur Verfügung steht, der Einsatz, der auf dem Spiel steht oder der Kostenpunkt eines möglichen Fehlschlages sind nur einige der Faktoren, die bei der Auswahl eines bestimmten Vorgehens in Betracht gezogen werden.

Die erste Methode des Unsichtbarmachens besteht darin, Lichtstrahlen davon abzuhalten, von dem Subjekt zurückzustrahlen. Totale Dunkelheit, Dämmerlicht oder stark wechselnde Lichtverhältnisse, Farben oder Formen, die sich nicht vom Hintergrund abheben, dies sind nur einige Beispiele, die diesem Prinzip zugrunde liegen. Der Beobachtende kann das Subjekt nicht sehen, denn ähnlich wie ein Stück Glas wirft es kein Licht zurück und kann somit auch nicht bemerkt werden.

Eine zweite Möglichkeit bietet das Lahmlegen der Beobachtungsfähigkeit des Gegners. Der Ninja erreicht dies mit Hilfe von Rauchbomben oder -wolken, chemischen Gasen oder Sprühmitteln, die die Augen des Feindes angreifen, Metsubushi-Blendpulver aus Asche, Sand und Eisenspänen und intensiven Lichtblitzen, welche die Sicht des Gegners kurzfristig ausschalten.

Das dritte Prinzip des Unsichtbarmachens ist das *Shichi ho de*-System des Ninjutsu, die sieben Wege des Gehens. Bei dieser Methode werden die Lichtstrahlen zwar von der Kleidung der Person reflektiert und von den Augen des Verfolgers aufgefangen, doch der Stimulus löst keine Reaktion aus. Das Bild des Ninja erscheint so im Blickfeld des Wahrnehmenden, daß es nicht zur Kenntnis genommen wird, obschon die Sinne es erfassen. Kurz gesagt, der Ninja nimmt die Form einer Sache oder einer Person an, die für den Gegner unwichtig und uninteressant ist und kann sich auf diese Weise ungehindert in voller Sicht zu denjenigen bewegen, die ihn anderenfalls sofort ergreifen würden.

Der Alltag wimmelt von unscheinbaren Leuten, die in unserem Leben auftauchen und wieder verschwinden und dabei in unserem Bewußtsein kaum eine Spur hinterlassen. Je größer die Stadt ist, in der man wohnt, oder je mehr verschiedene Gegenden man durchwandert, desto mehr dieser scheinbar namen- und geschichtslosen Gestalten bekommt man zu Gesicht. Obschon in Wirklichkeit jeder einzelne Mensch seine eigene Geschichte, persönliche Gefühle, Ängste, Träume und Hoffnungen hat, ist es doch nur normal, daß man diese faszinierenden Facetten jedes Individuums übersieht, da jedes andere Vorgehen unweigerlich zu hoffnungsloser Sinnesüberreizung führen würde. In unserer modernen, reisefreudigen und überladenen internationalen Gesellschaft kommen wir mit so vielen Leuten in Kontakt, daß ein bewußtes, intellektuelles Registrieren jeder Einzelperson wohl kaum möglich ist. Um diesem riesigen Faktenpotential beizukommen, filtert unser Geist diejenigen Daten heraus, die eine unmittelbare Bedeutung für unser tägliches Leben haben. Dieser automatische geistige »Filter« läßt unser Bewußtsein erst dann aktiv werden, wenn etwas als wichtig Erachtetes auf der Bildfläche erscheint.

Dies ist eine sehr interessante Tatsache für alle, die dem Weg des Kriegers in der modernen Welt folgen. Das Stadium der geistigen Trägheit ist nicht das Resultat von Langeweile, sondern, ganz im Gegenteil, von Überreizung der Sinne. Sobald die räumliche Umgebung die Unterscheidungsfähigkeiten des Geistes überschreitet, verschwindet unsere normale, bewußte Sichtweise, und Gegenstände werden nicht mehr wahrgenommen, obwohl sie sich gut sichtbar vor uns befinden: unser Geist übergeht sie einfach, obwohl unsere Augen sie zur Kenntnis nehmen. Ein hervorragendes Ölgemälde kann auf diese Weise leicht übersehen werden, wenn es sich neben anderen Bildern in einer riesigen Kunstgalerie befindet. Obschon das Meisterwerk nichts von seiner Schönheit eingebüßt hat, verblaßt es, wenn es zu einem Teil einer großen Ansammlung wird. Ein einzelner, zarter Ton einer Holzflöte, so bedeutungsvoll und bewegend er auch in einem einsamen Tempel klingen mag, würde im donnernden Crescendo eines Orchesters wohl kaum von irgendeinem Zuhörer bemerkt und gewürdigt werden. Dies erklärt uns auch, weshalb die meisten Leute, die jeden Tag mit uns in Kontakt treten, im Hintergrund verschwinden können, sobald wir nach etwas Außergewöhnlichem Ausschau halten. Wenn die Augen unruhig zur Uhr oder zum Geschwindigkeitsmesser sehen oder der Geist sich auf die Suche des Kontaktmannes, des flüchtenden Gegners, des Partners oder der/des Liebsten konzentriert, ist es jedem anderen Menschen unserer Umgebung ein leichtes, für uns unsichtbar zu werden. Diese geistige Tendenz läßt auch den Ninja in der Masse verschwinden; sie ist der Schlüssel zur erfolgreichen Anwendung des Shichi ho de, der Methode, Unsichtbarkeit zu erreichen.

Wenn ein Ninja sich in eine Stadt, eine Festung oder in ein Lager einschleusen muß, kann er diese verläßliche Technik anwenden. Er verschmilzt mit seiner Umgebung, wird zu einem Teil von ihr, so daß seine Anwesenheit vom Gegner nicht bewußt wahrgenommen wird. Während der Bürgerkriege der Sengoku-jidai-Periode (im Zeitalter der kriegführenden Staaten) des 16. Jahrhunderts entwickelten die Ninja-Clans ein System von sieben Verkleidungen, das ihren Agenten eine größtmögliche Überlebenschance in feindlicher Umgebung gewährleisten sollte. Das mittelalterliche Shichi ho de bestand aus folgenden sieben Deckidentitäten:

Akindo	Händler
Hokashi	Musiker
Komuso	Wanderpriester
Sarugaku	Unterhaltungskünstler
Shukke	buddhistischer Mönch
Tsugenata oder ***Ronin***	herrenloser, zu dingender Samurai
Yamabushi	kriegerischer Bergasket

Diese sieben Möglichkeiten des Shichi ho de mögen im mittelalterlichen Japan zweckmäßig gewesen sein, da während dieser Zeit sowohl Mönche als auch Krieger häufig auf der Reise waren und ihre Anwesenheit somit nichts Außergewöhnliches darstellte, doch dies dürfte für heute kaum noch gelten. Man stelle sich bloß den Shinobi-Schüler vor, der in einer Mönchsrobe und einem über den Kopf gestülpten geflochtenen Schilfkorb über den Bürgersteig schreitet und dabei auf einer Bambusflöte spielt. Das dürfte wohl kaum die richtige Methode sein, um sich unauffällig zu benehmen, weder hierzulande noch im modernen Japan. Dieser Einwand bedeutet keinesfalls, daß das Shichi-ho-de-Konzept nutzlos geworden wäre. Die Methoden des Ninjutsu sind zeitlos, obschon die Einzelheiten ihrer Anwendung dauernd angepaßt werden müssen. Dieser Grundsatz gilt sowohl für das körperliche Kampftraining und die geistigen Entwicklungsmethoden als auch für die strategischen und taktischen Konzepte.

Hinter den konkreten Einzelheiten der Shichi-ho-de-Methode verbirgt sich eine zweifache Struktur: *Hensojutsu,* die Kunst des Verkleidens, ist der Weg, sein Aussehen und Benehmen so zu verändern, daß man unsichtbar wird, indem man mit der Umwelt eins wird. Die Verkleidung erlaubt es dem Ninja, jene Einzelheiten zu verbergen, die im Bewußtsein des Gegners einen Erkennungsvorgang auslösen. *Gisojutsu,* die Kunst des Sich-Hineindenkens in eine andere Person, ermöglicht es, eine andere Person oder Identität so perfekt nachzuahmen, daß man seine geheime Aufgabe in voller Sicht des Gegners oder sogar mit dessen Hilfe ausführen kann. Indem er sich in eine andere Person verwandelt, verbirgt der Ninja diejenigen Merkmale, die beim Gegner Mißtrauen und Verdacht erwekken und ihn in eine geistige Alarmbereitschaft versetzen. Möglicherweise gelingt es dem Schattenkämpfer sogar auf diese Weise, beim Feind ein inneres Ungleichgewicht zu schaffen, das ihn höchst verwundbar macht. Beide Künste decken sich zeitweilig in der Praxis.

Eine aktuellere Version der sieben Identitäten des Shichi ho de beinhaltet folgende Charaktertypen, die auf den Prinzipien (Kotsu) des historischen Systems beruhen:

Scholastiker

Diese Kategorie beinhaltet Studenten, Lehrer, Wissenschaftler, technische Spezialisten, Schriftsteller, Künstler und möglicherweise sogar radikale, aktivistische Gestalten. Tiefgreifende Vorarbeiten sind notwendig, bevor man sich in eine Person aus den aufgezählten Personenkreisen verwandeln kann. Wenn möglich, sollte ein Ninja nur jemanden verkörpern, der eine ähnliche Schulbildung hat wie er selbst.

Jeder Vertreter dieser Gruppe hat eine bestimmte Universität, Schule oder Einrichtung, an der er sich bestens auskennen muß. Je bekannter diese Institution ist, desto größer sind auch die Chancen, mit jemandem zusammenzutreffen, der sich ebenfalls dort auskennt und um die räumlichen Verhältnisse und die dort vorherrschende Atmosphäre Bescheid weiß. Außerdem braucht ein Ninja, der sich als eine der obengenannten Personen ausgibt, noch ein Fachgebiet, auf dem er überdurchschnittliche Kenntnisse haben muß, sei dies nun die Geschichte der klassischen europäischen Komponisten, das Funktionieren eines Kernreaktors oder Wirtschaftskunde. Allgemeines Wissen genügt hier keinesfalls! Künstler und Schriftsteller müssen fähig sein, einer künstlerischen Arbeit nachzugehen oder wenigstens die Schöpfungen anderer als die ihrigen auszugeben. Radikale, aktivistische Typen müssen ein Ideal haben, eine bestimmte Sache, für die sie kämpfen, und eine Bewegung, der sie angehören und mit der sie sich identifizieren.

Geschäftsleute

Dies ist eine sehr stark gefächerte Gruppe, die vom Verkäufer und Händler über den Büroangestellten und Sekretär bis zum Buchhalter und Geschäftsinhaber reicht. Der Betrieb stellt den verbindenden Faktor zwischen den verschiedenen Berufen dar. Die Verkleidung als Geschäftsmann wird einem in einer modernen, westlichen Gesellschaft bereitwillig abgenommen. Grundlegende kaufmännische Fähigkeiten kann man an Fachschulen, in der Praxis oder durch Befragung freundlich gesinnter Angestellter erlernen. Erfahrungen als Stenotypist, Verkäufer oder Buchhalter kann man sammeln, indem man sich bei Dienstleistungsbetrieben meldet, welche Betrieben kurzfristig mit Fachkräften aushelfen. Überzeugend wirkende Geschäftskarten oder ähnliche Papiere lassen sich billig herstellen und können bei Bedarf leicht als Beweis herangezogen werden. Eine Visitenkarte, die den Ninja als Geschäftsführer einer großen Firma auszeichnet, öffnet so manche Tür, bringt ihm Aufmerksamkeit ein oder ermöglicht ihm die Kontaktaufnahme mit wichtigen Leuten. Dazu kommt noch der Vorteil, daß eine Karte, die den Ninja als selbständigen Anwerber von Fachkräften für irgendeine, allen unbekannte Firma auszeichnet, zu neugierige Leute eventuell abwimmeln kann, so daß sie sich mit einer oberflächlichen Überprüfung seiner Identität zufrieden geben.

Landleute

In diese Kategorie fallen Bauern, Viehzüchter, Wanderarbeiter oder einfach Menschen, die man automatisch mit dem Leben auf dem Lande oder in kleinen Dörfern in Verbindung bringt. Hier muß jedoch daran erinnert werden, daß ein Fremder um so mehr auffällt, je kleiner oder zurückgezogener das Dorf ist, in dem er sich unauffällig umsehen will.

Bauern und Viehzüchter müssen über Ackerbau und/oder Viehzucht bestens informiert sein und über alle praktischen Erfahrungen verfügen, die man bei diesen Berufen macht. Ganz klar, daß Viehzüchter ebenfalls reiten und gut mit Tieren umgehen können müssen sowie Traktoren oder sonstige Nutzfahrzeuge bedienen können. Ein als Holzfäller getarnter Ninja muß wissen, wie er die verschiedenen Werkzeuge zu gebrauchen hat, um seine Rolle glaubwürdig zu erfüllen. Jäger müssen die Schonzeiten kennen, etwas von Jagdwaffen verstehen und die Pirschmethoden beherrschen, die bei jeder Wildart die meisten Erfolgschancen bieten. Fischer müssen Angelzeug besitzen und Kenntnisse über einheimische Fischarten haben. Sowohl Jäger als auch Angler müssen natürlich über einen gültigen Jagd- bzw. Angelschein verfügen.

Geistliche

Zu dieser kleinen Gruppe gehören Priester, Rabbiner, Prediger, Missionare und vielleicht noch verschiedene Gruppen von Sozialhelfern. Personen, die eine Religion verkörpern, bringt man oft außergewöhnlichen Respekt oder wenigstens Toleranz entgegen; dies tun sogar Menschen, die überhaupt nichts mit der betreffenden Religion zu tun haben.

Ein Ninja, der vorgibt, Vertreter einer bestimmten Religion zu sein, muß logischerweise wenigstens mit den Kernpunkten dieser Religion vertraut sein. Bei der Verkörperung einer Persönlichkeit dieser Gruppe muß man besonders gut auf Verhaltensfehler achten, die einem hier sehr leicht unterlaufen können. Eine kleine Unachtsamkeit kann tödliche Folgen haben! So ist es beispielsweise äußerst unwahrscheinlich, daß ein fundamentalistischer Geistlicher sich ein Bier bestellt, während sein römisch-katholischer Kollege vielleicht nichts gegen ein Glas dieses Gerstensaftes einzuwenden hat. Ein jüdischer Rabbi kann sich mit einer Tasse Kaffee auf einer Terrasse ausruhen, für einen Mormonenmissionar ist dies ein Ding der Unmöglichkeit.

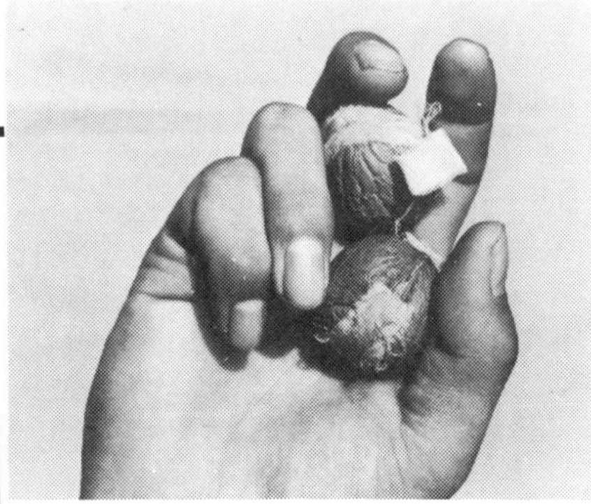

Explosive Rauchbomben werden als Blendmittel benutzt; ihre richtige Anwendung läßt den Ninja vor den Augen seiner Feinde verschwinden.

Explosive Metsubushi (Blendmittel) werden gegen zwei Angreifer eingesetzt.

Vertreter des öffentlichen Lebens

Diese große Kategorie umfaßt Unterhaltungskünstler, Schauspieler, Musiker, Spitzensportler, Politiker, Reporter, Modelle oder jeden anderen, der eine interessante Lebensgeschichte zu erzählen oder zu vermarkten hat. Ein Hauch von Glanz, Bekanntheit, ja sogar von Niedertracht umgibt diese Gruppe. Es ist äußerst bemerkenswert festzustellen, daß es Möglichkeiten gibt, selbst das Scheinwerferlicht auszunutzen, um seine eigentlichen Ziele zu verstecken.

Jeder, der zu dieser Kategorie gehört, besitzt ein bestimmtes Gebiet, dem er seine Berühmtheit verdankt. So ist es nur natürlich, daß jemand, der eine Sportsgröße verkörpern will, auch über ein dementsprechendes Äußeres verfügen muß, ein Star oder Modell muß Autogrammkarten oder eine Mappe mit Bildmaterial über sich vorzeigen können, ein Musiker eine Vorstellung geben können, ein Politiker hat eine Partei und vertritt gewisse Richtlinien, und ein Autor muß eine bestimmte literarische Richtung haben, bei der er sich Zuhause fühlt.

Arbeiter/Handwerker

Hierher gehören Bauarbeiter, Anstreicher, Gärtner, Lastwagenfahrer, Klempner und alle anderen Berufszweige, deren Vertreter eine Dienstleistung dank ihres körperlichen Einsatzes erbringen. Ein Ninja, der sich hier eine Deckbeschäftigung sucht, muß unbedingt das hierzu notwendige Fachwissen mitbringen.

In vielen Fällen erkennt man den Handwerker einfach an der Kleidung oder den mitgebrachten Werkzeugen. Farbspritzer auf der weißen Kleidung des Anstreichers, der schwere Lederriemen mit der Nageltasche des Zimmermannes, die gebräunten Arme und die Grashalme in den Socken des Gärtners, das Schmieröl unter den Fingernägeln des Mechanikers – dies alles sind Symbole, die beim Beobachter ein unbewußtes Identifizieren als Handwerker auslösen und somit den Betreffenden von eingehenderen Nachforschungen befreien.

Uniformierte

Diese Gruppe umfaßt Reparaturteams, Leute von Wasserwerk, Sicherheitsbeamte, Gefängniswärter, Krankenpfleger, Polizisten und Angehörige des Militärs. Andere Uniformtypen sind Fastnachtsverkleidungen wie etwa Clown-Kostüme oder gar Weihnachtsmannkleidung; Belustigungsgestalten gehören ebenfalls hierher. Das Verbindende liegt bei diesen Gruppen darin, daß die Uniform beim Passanten das Gefühl aufkommen läßt, daß der verkleidete Ninja »dahin gehört«, wo er sich gerade befindet, ob dieser nun dabei ist, eine Pendeltür auseinanderzunehmen oder eine parkfreie Zone abzustecken.

Ein Uniformierter kann, psychologisch gesehen, einen großen Druck erzeugen. Wird man mit fremden Besatzungstruppen, Militärpolizisten oder sonstigen Ordnungskräften konfrontiert, so kann dies ein starkes Ergebenheitsgefühl erzeugen. Ärzte, Krankenschwestern, Reparaturfachleute oder Wachmänner vermitteln hingegen das Gefühl, alles komme wieder in Ordnung. Einen annähernden Eindruck von einer Uniform kann mit dem Tragen einer einfarbigen, dunklen Kleidung erweckt werden.

Der zeitgenössische Ninja ist keineswegs angehalten, sich auf diese sieben Gruppen zu beschränken. Wenn angebracht oder notwendig, kann er sich in jede Person verwandeln, die ihn seinem Ziel näherbringt. Das Shichi-ho-de-System ist eine bequeme Art, offensichtliche Möglichkeiten so zu katalogisieren, daß sie im Ernstfall nicht vergessen werden. Dieses Werkzeug soll helfen, keinesfalls aber einschränken oder behindern.

Es ist wichtig, daß der Ninja die Hensojutsu- und Gisojutsu-Methoden dauernd vor Augen hat. Verkleidungen werden im allgemeinen dazu benutzt, mit einer bestimmten Umgebung zu verschmelzen, zu einem Teil von ihr zu werden, um so eine gestellte Aufgabe besser erfüllen zu können. Das Sich-Ausgeben als jemand anders wird hingegen benutzt, um eine direkte Kontrolle über eine bestimmte Situation zu erlangen. Um beispielsweise die Besucher unauffällig zu beobachten, die ein Haus verlassen, könnte man alte Arbeitskleider anziehen, sich an eine nahe Baustelle setzen und dort gemütlich ein Butterbrot verzehren. Kein Fachwissen über das Bauen von Häusern ist dazu erforderlich. Muß der Ninja jedoch längere Untersuchungen im Inneren eines zu errichtenden Hochhauses

Eine Kunoichi verschwindet hinter einer Geheimtür in der Wandtäfelung und erzeugt so die Illusion eines plötzlichen »Verschwindens«.

Eine Kunoichi öffnet eine besonders hergestellte Danden Gaeshi, eine Falltür, unter einem Mikkyo-Schrein.

anstellen, so ist eine simple Verkleidung gefährlich unzureichend. In diesem Fall muß der Schattenkämpfer sich schon in die Arbeitsmannschaft hineinarbeiten und zu einem anerkannten Teil von ihr werden.

Das Hengen Kashi-no-jutsu lehrt den Ninja, wie er innerhalb kurzer Zeit zu einer vollkommen anderen Person werden kann. Er wird unsichtbar, indem er seine »Ninja-artigkeit« ablegt und neue Gewohnheiten annimmt, die es ihm erlauben, besser in seiner neuen Umgebung aufzugehen und somit unsichtbar zu werden; das Ankleben eines falschen Schnurrbartes genügt hier bei weitem nicht. Die Theorie des Hengen Kashi, d.h. des Eintauchens in die Illusion, umfaßt verschiedene Ebenen:

Aussehen

Wenn Sie jemand anderen verkörpern wollen, suchen Sie sich eine Persönlichkeit aus, die zu Ihrem Aussehen paßt. Weit hergeholte Verkörperungen sind immer von einer Aura des Unnatürlichen umgeben und somit der dauernden Gefahr der Enttarnung ausgesetzt. Ein Jüngling kann sich schlecht als Direktor einer Firma oder als hoher Geistlicher ausgeben, und ein älterer Mann würde sich dem Gelächter seiner Mitmenschen aussetzen, wenn er als Armeegefreiter oder als Student aufträte. Natürliche Veränderungen des Äußeren sind die glaubwürdigsten. Haartracht und -farbe können leicht verändert werden. Man kann die Körperform durch Zu- oder Abnehmen verändern, wenn man die dazu nötige Zeit hat. Bärte können wachsen gelassen oder abrasiert werden, um sich einen anderen Gesichtsausdruck zu geben. Körperhaltung, Gangart und äußeres Benehmen müssen den Erwartungen der anderen in bezug auf die verkörperte Persönlichkeit genauestens entsprechen. Dies ist sehr wichtig! Der Sinn einer Verkörperung liegt darin, die anderen darin zu befestigen, daß Sie derjenige sind, den sie in Ihnen zu sehen glauben.

Verkleidungstechniken beinhalten Make-ups, Kostüme und körperliche Bewegungsveränderungen, genau wie in einem Film oder Theaterstück. Der Unterschied zu letzteren liegt jedoch darin, daß eine ungenügende schauspielerische Leistung möglicherweise mit einer Einkerkerung oder sogar dem Tod des Ninja endet. Bei Verkleidungen müssen u. a. folgende Punkte in Betracht gezogen werden:

Geschlecht
Rasse
Größe, Gewicht und Körperbau
Alter
Qualität und Akzent der Sprache
Gesichtsausdruck
Haarfarbe, Haarstil und Haarlänge
Narben und Tätowierungen
Verletzungen und Behinderungen
rechtshändig oder linkshändig
Schrittlänge oder Gangart
Einzelheiten der Kleidung und Abzeichen

Schminkkästen für Schauspieler kann man in jeder Stadt kaufen. Gebrauchtwarenhändler oder Läden der Wohlfahrtseinrichtungen sind gute Quellen für gebrauchte Kleider und Uniformen jeder Größe. Gute Perücken und Spezialschuhe mit eingebauten Absätzen kann man in Fachgeschäften erwerben.

Wissen

Jeder der besprochenen Persönlichkeitstypen besitzt ein bestimmtes Wissensgebiet, das zu seiner Kleidung bzw. Arbeit paßt. Bei einigen sind manuelle Fertigkeiten vorherrschend, bei anderen intellektuelles Wissensgut oder auch nur Erfahrung. Wenn immer möglich, soll eine Persönlichkeit gewählt werden, die es der eigenen Person oder dem eigenen Hintergrund erlaubt, sich ohne allzu große Umstellungen oder massive Nachforschungen an die neuen Gegebenheiten anzupassen. Dabei ist es offensichtlich, daß verschiedene Verkörperungen mehr Wissen als andere verlangen. Um als städtischer Buchprüfer aufzutreten, muß man beispielsweise weit mehr Vorarbeit leisten und Hintergrundstudien treiben, als wenn man als Eisverkäufer auf einem Kirmesplatz steht.

Bibliotheken, Universitätsbüchereien, Lehrbücher für Hochschulen und Freizeitkurse bieten ausgezeichnete Möglichkeiten, um einen schnellen Überblick über die meisten traditionellen Wissensgebiete zu bekommen.

Sprache

Der erfahrene, durchtrainierte Ninja spricht so wenig wie möglich. Das hat seinen guten Grund: je mehr er in ein Gespräch hineingezogen wird, desto größer wird die Gefahr, daß seinen Gesprächspartnern ein Fehler in seinen Antworten auffällt. Dies muß sich der Ninja stets vor Augen halten. Er antwortet bloß auf Fragen oder sagt seine Meinung, wenn ein Schweigen ihn in Verdacht bringen könnte oder wenn er die Aufmerksamkeit des anderen auf einen Punkt lenken will, der diesem entgangen ist. Redewendungen und Satzbau müssen zu der verkörperten Persönlichkeit passen. Besondere Aufmerksamkeit muß Aussprache, Dialekt, Fachausdrücken und Redewendungen der Umgangssprache gewidmet werden. Ein Fehlverhalten oder eine Unwissenheit auf diesem Gebiet können schwerwiegende Folgen haben.

Wegen der sprachlichen Schwierigkeiten ist es sehr schwer, einen Fremden zu spielen. Der Ninja muß schon der Sprache mächtig sein, und er sollte darüber hinaus so wenig wie nur irgend möglich an seinem Einsatzort reden, um überhaupt eine Chance zu haben, als Einheimischer in einem fremden Land bestehen zu können. Obschon die nachrichtendienstliche Ausbeute unter diesen Umständen eher mager ausfallen dürfte, hat diese Methode doch den Vorteil, daß die Kontakte zu den einheimischen Quellen verringert werden können, und daß somit einer möglichen Schwachstelle der Aktion ausgewichen werden kann. Spielt man einen Fremden in seinem eigenen Land, ohne über genügend Wissen um Sprachakzent des angegebenen Heimatlandes zu verfügen, so kann dies mit außergewöhnlichen Risiken verbunden sein.

忍

Geographie

Verschiedene Tarnrollen setzen voraus, daß man mit den örtlichen Gegebenheiten und Gepflogenheiten vertraut ist. So ist es klug, nur einen Hintergrund zu wählen, mit dem Sie bestens vertraut sind, eine nicht gewußte Einzelheit kann auch hier schlimme Folgen haben. Ein Ninja, der sich als Wachtposten in einem großen Kaufhaus ausgibt, muß beispielsweise unbedingt wissen, wo sich die Erste-Hilfe-Station oder die Herrentoiletten befinden; tarnt er sich in Chicago als Immobilienhändler, so setzt dies voraus, daß er die Umgebung der Stadt genauestens kennt und Bescheid weiß über Preise, Einkommensverhältnisse und ethnische Zusammensetzung der verschiedenen Viertel.

Ein anderer Aspekt, der ebenfalls in dieses Kapitel »Geographie« hineinpaßt, ist das Zurechtfinden auf dem Operationsgelände. Das Lesen von Karten und die Fähigkeit, Karten selbst herstellen zu können, sind hier vorrangig. Man kann nicht oft genug sagen, daß einer der überaus wichtigen Punkte zur erfolgreichen Durchführung einer Operation darin besteht, die ganze Aktion mehrmals gründlich vorzubereiten, bevor man den Plan in die Tat umsetzt. Sich ohne genügende Vorbereitung vorzutrauen, ist geradezu eine Einladung für unvorhergesehene Probleme. Ein Ninja muß wissen, wie die Straßen in seinem Operationsgebiet verlaufen und wo es Durchgänge, Gatter, Gebüsche, Wasserläufe oder Sicherheitssysteme gibt. Er informiert sich genauestens über die zur Verfügung stehenden Transportmittel und Fluchtwege und plant alle möglichen Notfälle ein, bevor er sich an das Ausführen seiner Mission begibt.

Psychologie

Wenn der Ninja eine Deckidentität des Shichi-ho-de-Systems benutzt – sei es nur als reine Verkleidung oder aber als Verkörperung –, muß er sich bewußt sein, daß er innerlich dauernd wachsam zu sein hat, während er äußerlich ruhig und entspannt wirken muß. Dies ist das Wichtigste für derartige Fälle. Versuchen Sie nicht, Ihre Rolle übertrieben zu spielen, um auf diese Weise den Zielpersonen einzuhämmern, daß Sie auch ganz bestimmt die vorgegebene Persönlichkeit sind. Eine Rolle natürlich und überzeugend spielen heißt, die neue Persönlichkeit nicht zu stark und zu offensichtlich in den Vordergrund zu drängen. Schlosser reden nicht von morgens bis abends von ihrer Arbeit, sie sind bloß Leute, die an Schlössern arbeiten und sich auf diese Weise ihren Lebensunterhalt verdienen. Polizisten tun auch etwas anderes, als über alte Kriminalfälle zu reden; es sind vielmehr Menschen, die auch mal entspannt mit Freunden bei einem Gläschen sitzen und dabei nicht an ihren beruflichen Alltag denken. Der

Mann vom Telefonreparaturdienst benimmt sich nicht unbedingt so stereotyp, wie man dies eventuell annehmen könnte; er ist ein Mensch mit einem ihm eigenen Charakter, dies darf nicht vergessen werden. Vermeiden Sie also jedes übertrieben stilisierte Handeln, wenn Sie eine Rolle glaubwürdig spielen wollen.

Sobald Sie eine neue Identität annehmen, müssen Sie auch den neuen, entsprechenden Charakter bis zur letzten persönlichen Eigenart annehmen. Sie werden dabei möglicherweise gezwungen, Dinge zu sagen, die Ihrem wahren Wesen völlig zuwider sein mögen. Sie müssen vielleicht angeben, trottelig, feige, schwach, unmoralisch, geistig unausgewogen oder pervers zu sein oder sonstwie Ihre echte Natur verleugnen. Dies überzeugend darzustellen, ist nicht so einfach, wie es sich anhören mag. Das Ziel steht jedoch hier über dem Eigenbild des Agenten, und dieser muß sich wohl dabei fühlen, den Anschein der Niederlage zu verbreiten, um letztlich den Sieg davontragen zu können.

Die folgenden Übungen zeigen einige Grundtechniken auf, die es Ihnen erlauben, die Prinzipien des Onshinjutsu zu erkennen und anzuwenden:

ÜBUNG 1

Wenn Sie sich in einer Gaststätte oder einer Flughafenhalle, einer Geschäftsstraße oder auf einem öffentlichen Platz befinden, schauen Sie sich die Menschenmenge an. Überfliegen Sie sie einmal schnell und aufmerksam, ohne nach irgend etwas Besonderem Ausschau zu halten. Schauen Sie einfach nur, wer sich vor Ihnen befindet; seien Sie neugierig, aber konzentrieren Sie sich nicht allzu sehr auf Einzelheiten.

Nach ein oder zwei derartigen oberflächlichen Betrachtungen fangen Sie an, die Gegend und die beobachteten Personen genauer unter die Lupe zu nehmen. Diesmal schauen Sie kritischer hin und merken sich diese oder jene Person, die Ihre Aufmerksamkeit sofort angezogen hatte, als Sie die Menge global betrachteten. Welche Einzelheit veranlaßte Sie, diese Person mehr als andere zu betrachten? Analysieren Sie deren Benehmen genauestens und notieren Sie sich auf ein Blatt, welche Fakten einen Menschen aus einer anonymen Menge hervortreten lassen.

Schauen Sie sich die Menge nochmals an. Suchen Sie nach der Person, die Ihre Aufmerksamkeit bei der ersten Betrachtung am wenigsten erregte. Vielleicht hatten Sie den Betreffenden nur beiläufig oder überhaupt nicht bemerkt! Was erlaubte diesem Menschen, sich am hellichten Tage vor Ihren Augen zu bewegen und doch nicht von Ihnen zur Kenntnis genommen zu werden? Analysieren Sie Ihr Verhalten wiederum genauestens und notieren Sie die hier möglichen Wege, unbemerkt in einer Menschenmenge zu verschwinden.

ÜBUNG 2

Wenn Sie sich inmitten einer Zuhörerschaft befinden – sei dies nun bei einer öffentlichen Versammlung, in einem Klassensaal oder anläßlich einer kirchlichen oder politischen Tagung –, experimentieren Sie mit Ihrem körperlichen Verhalten, Ihrem Augenkontakt und Ihrer persönlichen Gegenwart, um herauszufinden, wie man die Aufmerksamkeit des Spreches auf sich lenken oder ihr ganz entgehen kann.

Um die Aufmerksamkeit des Sprechers zu erringen und dann festzuhalten, müssen Sie zu einem Teil seiner Gedanken werden. Werden Sie eins mit seiner Botschaft, konzentrieren Sie Ihren Geist auf seine Ideen. Schauen Sie ihm absichtlich in die Augen, setzen Sie einen ermutigenden, verständnisvollen Gesichtsausdruck auf und benehmen Sie sich auch dementsprechend. Von diesen offensichtlichen Betrachtungen ausgehend, versuchen Sie herauszufinden, welche Resultate Sie mit Visualisation und nichtverbaler Kommunikation erreichen können. Schreiben Sie sich auf, was Sie tun können, um Ihren persönlichen Magnetismus zu aktivieren und zu verstärken.

Tun Sie genau das Gegenteil, um in der Menge unterzutauchen. Denken Sie an etwas anderes oder erschaffen Sie sich ein unzusammenhängendes »weißes Geräusch« in Ihrem Bewußtsein, um zu verhindern, daß Sie von den Gedanken des Redners beeinflußt und eingefangen werden. Verändern Sie Ihre Körperstellung und Ihre geistige Haltung, um jeder direkten Beobachtung zu entgehen. Experimentieren Sie mit allen möglichen geistigen Werkzeugen, um auf einer feineren geistigen Ebene jedes Interesse von Ihnen abzuwenden. Sie suchen einen Weg, um in einer Menschenmenge spurlos zu verschwinden; verfallen Sie dabei nicht der Gefahr, mit aller Kraft zu versuchen, unauffällig zu erscheinen und gerade aus diesem Grund den Verdacht jedes Anwesenden zu erregen.

Studieren Sie die Ergebnisse Ihrer Erfahrungen und schreiben Sie sich bedeutende Einzelheiten und gut funktionierende Techniken auf. Stellen Sie sich eine persönliche, für Sie wirksame Methode zusammen, die es Ihnen erlaubt, sich in das Bewußtsein anderer einzudrängen oder, ganz im Gegenteil, unbekannt und unbemerkt zu bleiben.

ÜBUNG 3

Nachforschungen, persönliche Sicherheit, Schutz der Privatsphäre oder berufliche Zwänge können Sie dazu bringen, sich drei verschiedene

Identitäten, die Sie im Notfall kurzfristig verkörpern können, in allen Einzelheiten vorzubereiten. Folgende Schritte müssen Sie dabei beachten:

Schritt 1

Sie beginnen, indem Sie Namen, körperliche Beschreibung, Anekdoten, berufliche Karrieren und spezielle Charakterzüge jeder dieser drei fiktiven Personen erfinden und schriftlich festhalten. Sammeln Sie wenn immer möglich Gegenstände, die zu diesen drei Charakteren passen. Halten Sie in Zeitungen, Gesprächen oder Dokumentarfilmen bewußt Ausschau nach Hintergrundeinzelheiten, die Ihnen helfen, die Lebensgeschichte der drei Persönlichkeiten immer weiter zu vervollständigen.

Schritt 2

Sammeln Sie Kleider und Gebrauchsgegenstände für jede Deckidentität. Hierzu gehören ebenfalls Hilfsmittel, die Sie dicker oder größer erscheinen lassen oder Ihre Statur auf irgendeine andere Weise verändern. Schaffen Sie sich auch Perücken, Sonnenbrillen und einen Make-up-Kasten an, um Ihrer Verwandlung den letzten Schliff zu geben.

Schritt 3

Legen Sie sich »Beweise« an, die die Echtheit Ihrer Verkörperungen beweisen sollen: Geschäftskarten, Clubausweise, Schreibpapier mit Deckadresse, Postfächer usw. In einem nächsten Schritt eröffnen Sie Bankkonten auf Ihre drei Decknamen und wickeln die Geschäfte der verschiedenen Persönlichkeiten über diese Konten ab.

Schritt 4

Sie richten eine Wohnung und eine Geschäftsstelle für jede der drei Identitäten ein. Ein auf jede spezifische Persönlichkeit zugeschnittenes Mobiliar muß ebenfalls angeschafft werden. Viele der benötigten Gegenstände, vom Notizblock über Babyfotos zu Hochschulsporttrophäen, kann man billig auf dem Flohmarkt oder in Ramschläden erwerben.

Schritt 5

Jede der drei Persönlichkeiten muß Freundschaften knüpfen und sich einen möglichst großen Bekanntenkreis zulegen. Diese persönlichen Kontakte müssen weit verstreut sein und sich nicht allein auf die Arbeitswelt beschränken.

Befolgen Sie die angegebenen Schritte so weit, wie Sie es für Ihr Leben für nötig halten. Leser mit einem eher oberflächlichen Interesse an Ninjutsu werden sich vermutlich mit dem ersten Schritt begnügen, den sie als intellektuelle Übung ausführen, während Privatdetektive, Polizisten, Reporter, Verbindungsleute, Leibwächter und ähnliche Berufsgruppen möglicherweise bis zu Schritt 5 vordringen müssen. ■

忍

Viertes Kapitel

KEN-TAI-ICHI-JO: Einheit von Körper und Waffe

Würden doch alle, die uns begegnen,
uns Liebe und Toleranz entgegenbringen!
Ein nobles Ideal,
doch leider noch nicht zu verwirklichen
und ohne Gefahr anzuwenden
in der sich weiterentwickelnden
Saga der Menschheit.

Das Erreichen eines geistigen Lebensstiles wird erst möglich, wenn Gefahren und Anforderungen der physischen Ebene und die Ängste, die sie erzeugen, erfolgreich bezwungen worden sind. Dies wird oft von jenen mißverstanden, die das Üben der Kriegskünste in einer zerrissenen und entmenschlichten Gesellschaft als antisozial oder gewaltfördernd betrachten.

In der Tat gibt es zwar jene Schulen, die bei der Lösung von Problemen auf ihrer engen, ausschließlich körperlichen Ebene verharren, alle höheren Kräfte des Kriegers ignorieren und nicht wissen, daß das Erkennen der weiteren Umstände einem Kämpfer vorzeigt, wann es besser ist, einem Kampf auszuweichen. Diese *Michi Dojo* (»Straßenschulen« ohne Tradition und Lehrer) infizieren ihre Schüler mit der körperlichen Gefahr und dem ihr anhaftenden gefühlsmäßigen Streß, anstatt sie davon zu befreien. An der Stelle der weisen Krieger, die das Leben achten und beschützen, findet man in den Führungspositionen verbitterte Männer, die ihr Ego ständig einer Gefahr ausgesetzt sehen, dauernd die negativen Aspekte des Lebens aufsuchen und alle Reaktionen der Mitmenschen sofort als Frechheit oder Bedrohung ansehen. Diese Lehrer bewerten den wie sie sagen »Respekt« höher als die Liebe und sehen nicht ein, daß auf diese Weise niemals Frieden in ihr Leben einziehen wird.

Schlägt man hingegen den wahren Weg der Kriegskünste ein, so fördert man das friedfertige Zusammensein, indem man die persönliche Kraft jedes Einzelnen steigert. Kraft, Findigkeit und Verantwortung ersetzen in so einem Fall Angst, Hilflosigkeit und Abhängigkeit bei Problemen und der Suche nach Lösungen. Es ist ein großer Unterschied, ob man starr vor Angst zurückschreckt und unterwürfig vorgibt, mit einer Sache einverstanden zu sein, oder ob man aus einer Position der Stärke heraus sein Einverständnis gibt. Verfügt man nämlich selbst über die größeren Zerstörungsfähigkeiten, so kann man ohne Angst und Zwang seine eigene Meinung frei vertreten. Nur die wirklich Starken und jene, die nichts mehr zu verlieren haben, können es sich erlauben, frei und ungezwungen zu leben; sie sind unverwundbar.

In der heutigen, verwirrenden und von Konkurrenzdenken geprägten Zeit gibt es vieles, das in den Herzen von gutmütigen Menschen Furcht erregen kann. Aus diesem Grund beinhalten die körperlichen Kampftechniken des Ninjutsu oder *Nin-po,* wie es von einer bestimmten Ebene an genannt wird, eine große Anzahl von Selbstverteidigungstechniken, um mit jeder erdenklichen Situation fertigzuwerden. Das minimale Ziel heißt überleben, wann immer möglich ist jedoch der Sieg anzustreben. Um dies zu verwirklichen, wendet man der Situation angepaßte, klar durchdachte

Maßnahmen an, welche die Bedrohung in jene Richtung lenken, in die der Ninja sie haben will. Tägliches, bewußtes Ninja-Training vermittelt dem Übenden die nötigen Erfahrungen, um mit Hilfe körperlicher Flinkheit, kreativem Denken und einem festen, stahlharten Willen jeder Schwierigkeit Herr zu werden.

Der Schwerpunkt liegt hierbei auf spontanen Entscheidungen und erfindungsreicher Anpassungsfähigkeit. Aus diesem Grund beinhalten die Jutsu (Kampfarten) des Nin-po keinerlei Kata, d.h. strikt festgelegte Kampfschemata; auf jeden Fall nicht in dem eigentlichen Sinn, den die Japaner diesem Wort geben. Die Ursache des Fehlens von Kata – eine grundlegende Trainingsform der meisten heutigen japanischen, chinesischen und koreanischen Kampfarten – ist eher in der Geschichte und der Hauptzielsetzung des Ninjutsu zu suchen als in der Überzeugung oder der Entscheidung eines bestimmten Lehrers oder Großmeisters. Historisch betrachtet hat das Konzept des Kata-Trainings zwei verschiedene Ursachen. So wurden die Kata benutzt, um die Kampftechniken einer Schule in relativen Friedenszeiten weiterzureichen. Da die Samurai gegen Ende des Mittelalters keine Möglichkeit mehr hatten, persönliche Kampferfahrungen zu sammeln (und nicht mehr unter dem Druck standen, sich innerhalb kürzester Zeit todbringende Techniken aneignen zu müssen), übten sie sich in Kata, um so das Gefühl eines Kampfes zu simulieren und das Wesentliche der in der Vergangenheit erfolgreichen Techniken zu erlernen. Jede Veränderung oder Überprüfung eines Kata war bei den meisten Bujutsu-Ryu in Friedenszeiten strengstens untersagt. Der zweite Sinn der Kata bestand darin, dem Trainierenden eine gegebene Anzahl von festgesetzten, nicht veränderbaren Techniken zu geben, die er auswendig lernen und als mobile Zen-Meditation ausüben konnte. Das letzte Ziel der Zen-Künste liegt jedoch weniger in der Überwindung von Feinden als vielmehr in der Vervollkommnung des Charakters und dem Erreichen des Friedens der Erleuchtung.

Diese zwei Ursachen passen weder zu zeitgenössischem noch zu historischem Ninjutsu. Ein Kata, also eine Trainingsform, die auf gegebenen, auswendig gelernten Techniken beruht, ist ein äußerst unangemessener Weg, um Kämpfer heranzubilden, die sich auf der Straße oder in der Wildnis behaupten müssen. Die Veränderungen in Waffenkonstruktion, -gebrauch und -verfügbarkeit und die Evolution der Angriffsgepflogenheiten, Häuserbauweise und Technik können einen Kata schon in seiner ersten Generation veralten lassen. Zen-Kata sind ebenfalls unbrauchbar zur Kriegerausbildung. Das radikale Ausscheiden jeglicher Variante und der freien Entscheidungsmöglichkeit, das den Kata zu einem gut funktionierenden Zen-Trainingsinstrument macht, verhindert eine wirksame

Vorbereitung des Ninja in puncto Anpassung und Überleben in einer feindlich gesinnten Umgebung.

Des weiteren ist es von historischer Bedeutung, daran zu erinnern, daß die Ninja-Trainingsmethoden schon vor dreizehnhundert Jahren erschaffen wurden. Die Künste des kriegerischen Magiers En no Gyoja des Togakure-Berges, die später zum Grundstein der geheimen Techniken des Ninjutsu wurden, bestanden schon Jahrhunderte vor den ersten Kata. Der Weg zur Erleuchtung, den die Kriegerasketen der Togakure-Gegend benutzten, liegt eher auf der Linie der Anwendung der Prinzipien des Tantra, welche besagen, daß nur spontane Handlungen den Schlüssel zur Erleuchtung darstellen. In einem gewissen Sinne ist das Tantra also das genaue Gegenteil des Zen, da der Krieger, der dieser Philosophie folgt, Freiheit braucht, um kontrollierte, jeweils genau angepaßte Reaktionen zu erlernen. Das Einstudieren von traditionellen Kata, die vor langer Zeit von längst verstorbenen Meistern erdacht wurden, bietet hierbei herzlich wenig Hilfe.

BEISPIEL 1

Starre, stilisierte Methoden des unbewaffneten Kampfes verfahren mit jedem Angriffstyp auf eine genau vorgeschriebene Weise. Der Abwehrblock gegen die geradlinig vorschnellende Angriffsfaust funktioniert jedoch nur dann recht gut, wenn der Aggressor sich auf den gleichen Stil wie der Verteidiger beschränkt.

BEISPIEL 2

Ist der Aggressor wütend oder sonstwie darauf aus, den Verteidiger ernsthaft zu verletzen, so kann er einen derartigen Abwehrblock mit Leichtigkeit umgehen. Die starre Abwehrmaßnahme gegen geradlinige Angriffe versagt kläglich gegen kreisförmige oder hakenartige Faustststöße. Folgende Ursachen kann man sofort feststellen:

- Nicht angepaßtes Timing. Langwierige Vorbereitungsbewegungen verzögern das Anbringen des eigentlichen Blocks.
- Nicht angepaßte Stellung. Der Verteidiger probiert aus einer schwachen Stellung einer überlegenen Kraft Widerstand zu leisten.
- Schlechte Strategie. Der Verteidiger befindet sich in einer Stellung, die ihn höchst verwundbar für nachfolgende Schläge macht.

Anstatt sich stur auf gegebene Techniken oder spezifische Bewegungsabläufe zu konzentrieren, verläßt sich das Kampftraining des Ninjutsu auf das aktive Verstehen globaler Prinzipien. Diese universal gültigen Grundgedanken zeigen sich überall dort, wo man sich persönlich behaupten muß: bei dem körperlichen Überleben in der Wildnis, bei Gefühlsausbrüchen zu Hause oder im Büro und bei bewaffneten Konflikten auf der Straße. Obschon es längere Zeit in Anspruch nimmt, sich ein bestimmtes Prinzip zu verinnerlichen und anzueignen, als dies bei einer bestimmten Technik der Fall ist, so hat das Prinzip doch den Vorteil, daß es mit einem Schlag den Weg zu allen ihm entsprechenden Techniken öffnet.

BEISPIEL 3

Sportarten, die die Vorzüge von Boxhandschuhen oder ähnlichen Schutzmaßnahmen ausnützen, können gefährliche Angewohnheiten hervorbringen. Das schützende Emporheben der handschuhbewehrten Fäuste erlaubt beim Boxen die gegnerischen Schläge abzufangen, um so die Gelegenheit zu haben, sich einige Sekunden lang zu erholen oder die eigene Verteidigung zu reorganisieren. Die Boxhandschuhe der beiden Kontrahenten schaffen eine künstliche Pufferzone.

BEISPIEL 4

Tragen beide Gegner keine Boxhandschuhe, so erbringt das Hochreißen der Unterarme und das Senken des Kopfes nicht den geringsten Schutz (A). Die Unterarme selbst werden zu lohnenden Zielen und der gesenkte Kopf kann mit Kniestößen angegriffen werden (B). Derartige Defensivmaßnahmen sind aus folgenden Gründen zum Scheitern verurteilt:

– Ausschließlich passive Natur der Verteidigung. Der Angreifer kann nicht zu Fall gebracht werden, und der Verteidiger ist jedem Angriff schutzlos ausgesetzt.

- Schlechte Distanz. Der Verteidiger geht in den Angriff des Angreifers hinein, obschon er keinerlei Gegenangriff mit seiner offensiven Beinarbeit verbindet.
- Sehr schlechte Strategie. Der Verteidiger ist quasi blind und in seinem Handeln sehr eingeengt, so daß er jedem Schlag schutzlos ausgeliefert ist.

Eines der Hauptprinzipien, die in den Bujinkan-Dojos gelehrt werden, heißt *Ken-tai-ichi-jo,* wörtlich übersetzt »Körper und Waffe werden eins«. Zur Kampfmethode der Ninja bedarf es mehr als eines Körpers, der eine Waffe umherträgt, oder einer Waffe, welche bestimmt, wie der Körper sich zu bewegen hat: beide Teile müssen zu einer Einheit verschmelzen. Dieses Konzept übertrifft die allgemein gebräuchliche Annahme, daß die Waffe bloß eine Verlängerung des Körpers sei, bei weitem. Bei der Kampfmethode des Nin-po *ist* der Körper eine Waffe.

BEISPIEL 5

Die richtige Anwendung des Ken-tai-ichi-jo-Prinzips des Taijutsu garantiert eine äußerst hohe Schlagkraft, ohne daß man sich dabei auf überlegene Muskelkräfte verlassen müßte. Ist der Abstand zum Gegner zu groß, so nimmt sich der Torso dieses Problems an (A–D), während die Glieder frei bleiben, um dem Feind Schaden zuzufügen. Die Taijutsu-Kampfmethode gründet auf einer flüssigen Kombination von Körperbewegungen, Ausstrecken der Gliedmaßen und Präzision der Angriffe. Eine Mischung dieser Prinzipien entwickelt die explosive Kraft, die eine derartige, scheinbar entspannte Bewegung innehat. Waffe und Fußarbeit werden eins. Die natürliche Waffe bewegt sich mit der ihr eigenen Geschwindigkeit; der sich bewegende Körper vergrößert sie und verleiht dem Schlag auf diese Weise ein Mehrfaches an Energie.

Da das Training die Handhabung einer großen Anzahl von Waffentypen beinhaltet (Hände, Füße, Ellbogen und Knie, Klingen- und Stockwaffen, Feuerwaffen, Ketten und Seile), braucht man wesentlich mehr Zeit, um sich auf diese Vielfalt einzustellen, als wenn man bloß eine einzige dieser Künste erlernen und sich beispielsweise ausschließlich den Fäusten, der Pistole oder dem Samurai-Schwert zuwenden würde. In einem solchen Fall bräuchte man sich nur ein einziges Mal mit der zu benutzenden Waffe vertraut zu machen. Aus diesem Grund legt das Ninjutsu-Training großen Wert auf einen vierstufigen Prozeß der Waffenhandhabung, der sich viele Male während der Lehrjahre des Schülers wiederholt.

Als erstes muß man sich natürlich an die neue Waffe gewöhnen. Vertrautheit führt zu Entspannung und Entspannung zu Zuversicht. Sie lernen beispielsweise Ihre Hand zu einer ganz speziellen Faust zusammenzupressen, danach bringen Sie Ihre Füße in eine entsprechende Stellung, entdecken anschließend, wie Sie Ihren Arm ausstrecken können, um den Schlag aus verschiedenen Richtungen ins Ziel zu bringen. Sie ziehen eine neue Klinge aus der Scheide und fühlen ihren Griff und ihr Gewicht, dann probieren Sie Stich- oder Schnittangriffe mit ihr aus oder prüfen ihre Schärfe. Auf eine ähnliche Weise verhält es sich mit dem Fuß, dem Stock, der Kettensichel oder sogar der Tränengassprühdose. Mit jeder Waffe muß diese äußerst wichtige Phase der Angewöhnung durchgegangen werden. Dies sollte ein sehr persönlicher Prozeß sein und nicht nur eine Periode, die sich auf eine unpersönliche Entgegennahme der Waffe beschränkt.

Nachdem Sie sich an die Waffe gewöhnt haben und sie zu einem Teil Ihrer Bewegungsweise geworden ist, gehen Sie zur nächsten Phase über: Sie trainieren die Fußarbeit, die es Ihnen ermöglicht, die Waffe mit einem Maximum an Wirkung einzusetzen. Unbedingt zu beachtende Aspekte wie Entfernung, Angriffswinkel oder Ausweichmanöver werden zum großen Teil durch Beinarbeit berücksichtigt.

Das Wort *Maai* (Intervall) bezeichnet sowohl Zeitspannen als auch Entfernungen. Ein gutes Timing zu haben bedeutet, den Rhythmus des Kampfes zu spüren und im Rahmen dessen den Angreifer zur Strecke zu bringen; man muß die Fähigkeit haben, sich harmonisch in den »Atmungsprozeß« des Kampfes einzugliedern. Das richtige Ausnutzen von Rhythmus und Timing ersetzt teilweise die Notwendigkeit, die Bewegungen schnell auszuführen. Das räumliche Maai bestimmt nicht nur, wie weit Sie vom Gegner entfernt sein müssen, sondern auch zusätzlich, aus welcher Stellung Sie einen Angriff am wirksamsten abwehren können und sich dabei gleichzeitig die Möglichkeit eines Gegenangriffs offenhalten. Wirksame Schläge hängen von der richtigen Entfernung zum Gegner ab. Anders ausgedrückt: Ohne eine richtige Beinarbeit kommen Sie nicht aus; Zurücklehnen oder Vorwärtspendeln des Oberkörpers genügen hier bei weitem nicht.

Doai (seitliches Ausweichen) ist eine der verschiedenen Arten der Beinarbeit. Das Nin-po-Taijutsu, das die unbewaffnete Basis aller Ninja-Kampfmethoden darstellt, verläßt sich auf das Prinzip, daß der Körper immer so bewegt werden muß, daß er einen Angriff schadlos übersteht und *gleichzeitig* in der Lage ist, den Angreifer zu verletzen. Dieses »defensive Angreifen« erfolgt nach einem seitlichen Ausfall, der den Verteidiger in eine sichere Stellung bringt, aus der er seine Konterattacken anbringen kann. Auf diese Weise wird das unbequeme, ja sogar gefährliche System des Abwehrens vor einem Gegenangriff auf eine elegante Art und Weise ersetzt.

BEISPIEL 6

Wirksames Ausweichen sowie richtige Entfernung und gutes Timing erlauben es dem Verteidiger, zweckmäßig auf einen Angriff zu reagieren. A: Der Verteidiger zieht das Vorderbein nach hinten und nach außen zurück und senkt dabei den Oberkörper. Auf diese Weise entzieht er sich dem gegnerischen Angriff und bleibt doch gleichzeitig nahe genug, um einen vernichtenden Konterschlag am feindlichen Arm anzubringen (B). Das *Sui-no-Kata* des Taijutsu, die defensive Beinarbeit mit dazugehörenden Körperbewegungen, nimmt es mit jedem Angriff auf. Sowohl geradlinige Stöße wie auch Schwinger und Haken verpuffen wirkungslos im Leeren, da der Verteidiger sich längst außerhalb der Gefahrenzone befindet. Ein besonderer Abwehrblock wird dabei nicht benötigt. Sogar wenn der Angreifer den ersten Gegenschlag verkraftet und mit seinem hinteren Arm zu einem zweiten Angriff ansetzt, braucht der Verteidiger nichts zu

befürchten: der Ausweichwinkel seiner Stellung hält ihn auch außerhalb der Reichweite dieses Angriffes, und er kann seine Aufmerksamkeit ausschließlich auf Konterschläge konzentrieren.

Jede Beinarbeit des Ninjutsu-Trainings, egal ob sie nun im Rahmen eines Faust-, Stock- oder Schwertkampfes geleistet wird, baut auf den gleichen vier Grundtendenzen auf. Anstatt ein komplexes technisches Bewegungssystem aufzubauen, verließen sich die historischen Togakure-Lehrer auf die unfehlbare Logik der reinen Gefühle, um den richtigen Gebrauch von Beinen und Rumpf bei den verschiedenen Bewegungen zu klassieren. In jedem Konflikt oder Kampf nehmen Sie instinktiv eine der folgenden Grundhaltungen ein:

Chi-no-Kata	Sie verharren stur in Ihrer Stellung; Sie wollen weder angreifen, noch brauchen Sie zurückzuweichen (Erde-Prinzip).
Sui-no-Kata	Sie fühlen einen Drang, der Sie zwingt, zurückzuweichen. Sie weichen seitlich nach hinten aus (Wasser-Prinzip).
Hi-no-Kata	Sie wollen den Gegner angreifen und fühlen sich von der Kraft Ihrer Absicht vorwärtsgedrängt (Feuer-Prinzip).
Fu-no-Kata	Sie wollen oder brauchen überhaupt nicht zu kämpfen. Sie weichen dem Gegner aus und leiten seine Energien um, indem Sie mit seinen Bewegungen mitgehen (Wind-Prinzip).

Dieses System ist einfach und wird leicht verstanden, da es darauf gründet, den natürlichen Gefühlen zu folgen, die in jedem Konflikt entstehen. Das Erkennen dieser Gefühle und das Eingehen auf sie ist wichtiger als das Auswendiglernen einer ganzen Reihe von verschiedenen stilisierten Techniken.

BEISPIEL 7

Wählt der Verteidiger aggressive Beinarbeit, so bringen ihn wirksame Taijutsu-Methoden zur Verringerung des Abstandes nahe an den Aggressor heran. Unter optimaler Ausnutzung aller Deckungsmöglichkeiten dringt der Verteidiger vor. Dabei läßt er es keinesfalls bei dieser rein defensiven Methode bewenden, sondern greift an und verletzt oder lähmt den Gegner während seiner Vorwärtsbewegung. Die Wirbelsäule wird wie immer im Nin-po-Taijutsu aufrecht gehalten, und der Verteidiger kann seine Offensive mit einem vernichtenden Zutsuki-Kopfstoß abschließen.

BEISPIEL 8

Die offensive Hi-no-Kata-Beinarbeit und die dazugehörenden Körperbewegungen sind gut geeignet, die von einem größeren Gegner eingenommene Kampfentfernung zu unterlaufen. Ist dies einmal gelungen, kann man äußerst schmerzhafte Schläge gegen seine Glieder anbringen, wenn der Gegner sich zurückzieht, um sich dem veränderten Kampfabstand anzupassen.

BEISPIEL 9

Der Ninja muß sich bewußt sein, daß Nahkampfsituationen fast immer in Reißen und Fassen ausarten. Fäuste werden zu Klauen, Ellbogenstöße zu Hebeln, und Tritte werden durch Fußfegetechniken ersetzt.

Der dritte Schritt zum Erlernen verläßlicher Kampftechniken besteht in der tatsächlichen Ausführung von Schlag, Schnitt, Stich oder jeder anderen offensiven bzw. gegenoffensiven Fertigkeit. Dieser Schritt ist von entscheidender Bedeutung. Eine Technik ist immer nur so gut wie ihre Anwendung zu diesem Zeitpunkt; es ist unwichtig, ob ein anderer sie besser kann oder ob Sie sie früher besser beherrschten. Räumt man Theorie und Tradition beiseite, so kann man die Wirksamkeit der Techniken ganz einfach feststellen, indem man sie gegen ein realistisches Ziel anwendet. Schön aussehende, komplizierte Waffentechniken sowie unbewaffnete Kata-Darbietungen mögen ästhetisch aussehen, sie ähneln nämlich einem gut einstudierten Tanz oder einer Turnvorführung. Geht es jedoch darum, einen lebensgefährlichen Angriff zu überleben, dann zieht das Ninja-Kampfsystem einfache, pragmatische Anwendungen bewährter, auf das Ziel abgestimmter Schläge oder Schnitte vor. In erster Linie wird daher die Anwendbarkeit studiert, da dies das hauptsächlich anvisierte Ziel ist. Wenn Sie fähig sein wollen, jemanden mit einem Stoß oder Fußtritt bewußtlos zu schlagen, müssen Sie Ihre Hände, Ellbogen, Knie und Füße abhärten, indem Sie gegen verschiedene Gegenstände schlagen. Schattenboxen oder Training mit Schutzvorrichtungen können zwar hilfreich sein, doch es ist bei weitem wichtiger, ein realistisches Ziel immer wieder mit vollem Körpereinsatz anzugreifen – falls, wie schon gesagt, Ihr Ziel darin besteht, kraftvolle Schläge austeilen zu können.

Dies trifft ebenfalls für Klingen und Stöcke zu. Mit einem Schwert, einem Stock oder einer Kette durch die Luft zu wirbeln und bloß imaginäre Ziele anzugreifen, mag zwar das Gefühl vermitteln, eine Technik zu beherrschen. Probiert man dann jedoch einmal, gegen ein kräftiges, flexibles Ziel zu schlagen, verschwindet dieses selbstherrliche Gefühl sehr schnell, wenn die Waffe wirkungslos davon abprallt oder es gar ganz verfehlt.

BEISPIEL 10

Kampfarten, die sich auf Vorstellungen und Wettkämpfe gründen, legen oft viel Gewicht auf ganze Serien von blitzschnellen Faust-, Fuß- oder Waffenangriffen. Die hier abgebildeten Fausttechniken funktionieren nur so lange, wie beide Kämpfer sich in der richtigen Entfernung zueinander befinden und ihre Füße nur sehr wenig einsetzen.

BEISPIEL 11

In einer echten Auseinandersetzung auf Leben und Tod verdrängen Gefühle wie Angst, Rache oder Wut vielfach jegliche Kampftheorie. Da der Verteidiger nicht daran gewöhnt ist, Körperdynamik und Beinarbeiten einzusetzen, um kraftvolle Techniken hervorzubringen, ist er stets der Versuchung ausgesetzt, seinen beweglichen Gegner allein mit den verschiedenen Gliedmaßen anzugreifen. Gegen einen geübten Kämpfer sind schnelle Arm- und Beintechniken (A+B) allein jedoch nutzlos, und dies aus folgenden Gründen:

- Ein schlechter Gebrauch der Körperdynamik läßt den unteren Teil des Körpers auf einer Stelle verharren, während die Waffe einen vollen Einsatz verlangt.
- Eine unangepaßte Körperkoordination schafft die schlechte Angewohnheit, den Oberkörper nach oder unabhängig von der Basis zu bewegen; dies bringt eine gefährliche Zwei-Phasen-Bewegung für jede einzelne Aktion mit sich.
- Eine mangelhafte Strategie läßt Schläge ohne den Einsatz des ganzen Körpers ausführen, obschon sie dann nur geringe Wirkung haben.

Es ist auch wichtig, daran zu denken, daß ein rhythmisches Schlagen, Treten oder Stoßen gegen ein gedachtes Ziel nur von geringem Wert ist, wenn man sich auf die Realität des Kampfes vorbereiten will. Auf der Straße oder im Gelände werden Sie wohl kaum die Gelegenheit haben, die richtige Stellung einzunehmen und rhythmisch daraufloszuhauen. Folglich sollen Sie das auch nicht im *Training* tun! Verändern Sie dauernd

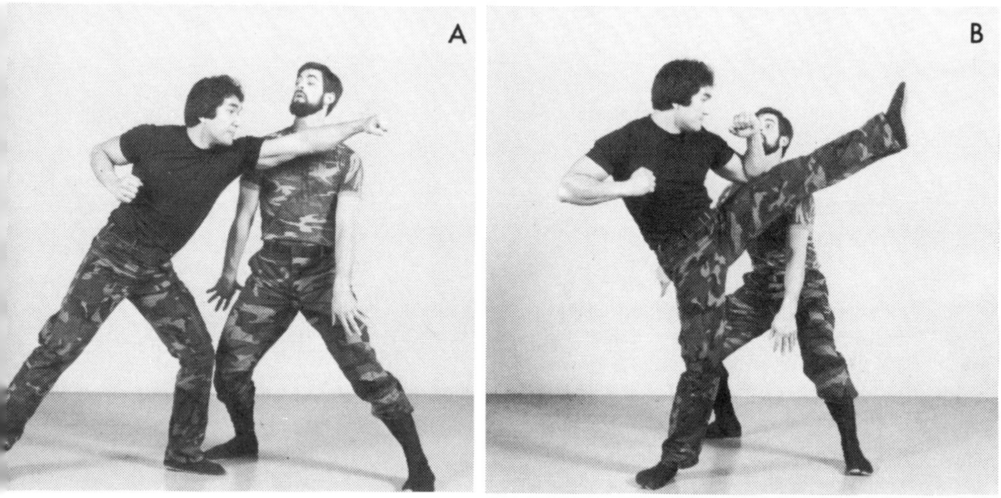

den Winkel zum Gegner und behalten Sie bei jedem Schlag ein gutes Gleichgewicht, genau wie Sie dies in einem richtigen Kampf tun würden. Passen Sie auch auf Ihre Atmung auf.

Vertrautheit und Zuversicht im Umgang mit jeder Waffe, angepaßte Beinarbeit und Körperstellungen, ein gutes Timing und eine richtige Einschätzung der nötigen Entfernung zur optimalen Anwendung jeder Technik bringen den Schüler zu der vierten Stufe der Beherrschung einer Waffe: zur absoluten Körperkraft des Ken-tai-ichi-jo.

Das Konzept der absoluten Körperkraft spiegelt den Vorzug des Ninja wider, sich eher auf die Wucht des ganzen Körpergewichtes als auf das Anspannen einzelner Glieder zu verlassen, wenn es darum geht, Schläge, Würfe oder Hiebe mit der nötigen Kraft zu beleben. Diese Methode verleiht den verschiedenen Techniken eine »schmetternde« anstelle der bloß »stechenden« Note. Das Ken-tai-ichi-jo-Prinzip gibt jeder Technik die nötige Kraft, den Gegner bewußtlos zu schlagen, sogar wenn die Technik wegen der unvorhersehbaren äußeren Umstände in einem tatsächlichen Kampf nicht perfekt ausgeführt werden kann.

Die folgenden Ninjutsu-Kampftechniken sind nur einige der zahlreichen Anwendungsmöglichkeiten der Prinzipien des Maai, Doai und Ken-tai-ichi-jo, wie sie in der Tradition der Bujinkan-Dojos gelehrt werden. Diese Beispiele sollen nicht als unveränderbarer Kata aufgefaßt werden, sondern eher als Anregungen, die zeigen, wie eine lebensgefährliche Situation durch spontanes Handeln gemeistert werden kann.

Hanbo:
Abwehr eines Stockangriffs

Der Aggressor greift Kopf und Schulter des Verteidigers mit einem diagonalen Stockschlag an (1+2). Der Verteidiger geht in eine tiefe Stellung über, verändert den Winkel zum Angreifer, indem er das hintere Bein nach außen setzt, und kontert gegen den sich senkenden Vorderarm des Gegners (3). (Diese Handlung soll den Arm verletzen, es ist keinesfalls bloß ein defensiver Block oder eine reine Verteidigungsmaßnahme.) Der Verteidiger gleitet dann sofort nach vorne, hebt seine Faust mit dem Hanbo (4) und stößt dem Gegner die untere Spitze des Stockes gegen den Brustkasten, genau unter den Arm. Falls dies nicht genügt, um den Kampf zu beenden, stößt er das Ende des Hanbo nach oben, um den Arm ein zweites Mal zu treffen (5). Anschließend hebt er seinen Stock über den gegnerischen Arm hinweg (6) und blockiert das Handgelenk damit (7). Dann wird der gefährliche Arm nach hinten gezogen (8); dabei drückt der Rumpf des Verteidigers gegen die Rückseite des feindlichen Ellbogens, um den Arm vollständig einzuzwängen. Ein Schlag gegen den Kopf und ein Stampftritt gegen die Kniekehle (9) zwingen den Aggressor schließlich zu Boden.

1

4

7

2

3

5

6

8

9

Kyoketsu Shoge: Abwehr eines Schwertangriffs

Der Verteidiger beobachtet, wie der Aggressor sich mit einem erhobenen Schwert nähert (1); er achtet dabei auf den Stellungswechsel, der einen Angriff anzeigen könnte. Sobald der Schwertträger einen vornimmt, wirft der Verteidiger ihm den Metallring entgegen (2). Mit der Kraft des ganzen Körpers geworfen, vermag dieser schwere Ring den Gegner ernsthaft zu verletzen, anderenfalls belästigt er den Gegner nur oder fügt ihm Schmerzen

3

zu. Geeignete Beinarbeit und richtige Seillänge ermöglichen ein Erreichen des Gegners, auch wenn dieser versucht, vorwärts oder rückwärts zu springen oder sich auf den Boden fallen zu lassen. Gelingt es dem Gegner dennoch, dem Ring zu entkommen (3+4) und einen Gegenangriff zu starten, so läßt der Verteidiger kurzzeitig von dem Ring ab und konzentriert sich auf seine Klinge. Er bringt sie nach vorne, indem er einen Schritt zurückweicht (5); blockt den Schwertangriff ab, wäh-

4

5

rend er den Stahlring wieder mit der hinteren Hand erfaßt (er spannt das Seil zwischen den ausgestreckten Armen und zieht den Ring auf diese Weise hoch). Dann dreht er sich in den Aggressor hinein

(7+8) und schlägt ihm den Stahlring gegen den Hinterkopf. Anschließend tritt er etwas zurück und hakt seine Klinge in die Wade des Gegners ein (9+10), um ihn zu Boden zu ziehen.

1

Unbewaffnet gegen einen Stockangriff

Der Aggressor führt einen horizontalen Stockhieb gegen den Kopf des Verteidigers aus, der seitlich nach hinten ausweicht (2+3) und mit der Vorderfaust gegen die Außenseite des gegnerischen Waffenarmes kontert. Dann preßt er sein Vorderbein gegen das Schienbein des Gegenübers (4), drückt seinen Körper nach vorne (5) und bringt seinen Gegner auf diese Weise zu Boden (6). Wenn nötig, beugt er sich nach vorne und schlägt den Feind mit dem Ellbogen gegen Solarplexus oder Brustbein (7+8).

3

6

2

4

5

7

8

Kusarigama: Abwehr eines Schwertangriffs

Wenn sich der Angreifer nähert (1), schwingt der Verteidiger das beschwerte Kettenende aus einer Drehung seines Körpers nach vorn, um die Fußgelenke des Aggressors einzufangen (2). Dieser springt hoch, um der Kette zu entgehen. Bleibt das Kettenende in einer Lage liegen, aus der heraus es nicht sofort wieder benutzt werden kann, bringt das den Verteidiger in eine gefährliche Lage. Sobald der Aggressor noch näher herankommt, um den tödlichen Schlag auszuführen, hebt der Verteidiger das hintere Bein hoch, um der Kette freie Bahn zu verschaffen (3+4), und läßt sie aus einer erneuten Körperdrehung heraus gegen die Hände des Gegners schießen (5). Dieser muß einen gewissen Abstand halten. Das Kettenende wird vom hinteren Fuß des Verteidigers unter Kontrolle gebracht (6). Eine weitere Körperdrehung, zusammen mit einem Vorwärtsschritt (7), läßt die Kette ein weiteres Mal angreifen. Sie findet ihr Ziel: das Vorderbein des Gegners wird gefesselt (8). Der Aggressor wird aus dem Gleichgewicht gezogen (9).

2

3

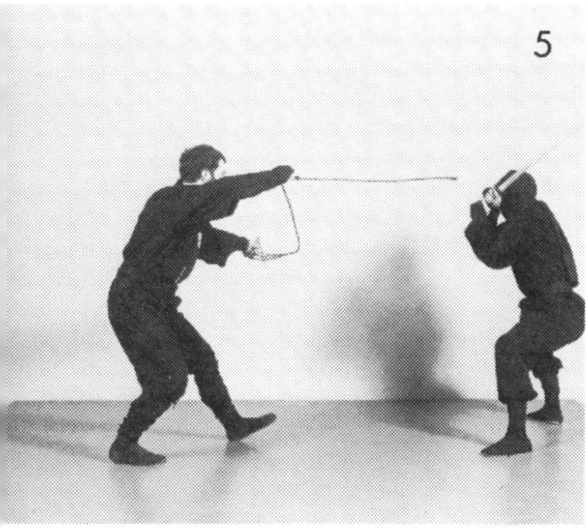

5

6

8

9

1

2

Unbewaffnet gegen einen Fußtritt

Der Aggressor greift mit einem Fußtritt nach vorn an (1+2). Dank seines guten Timings weicht der Verteidiger seitlich rückwärts aus und kontert dann mit einem Stampftritt gegen Hüftgelenk und Unterleib des Angrei-

fers (3). (Diese Bewegung ist rein gegenoffensiv; auf jegliche Abwehr im klassischen Sinne wird verzichtet.) Der Angreifer wird vom Tritt zurückgeworfen (4), versucht dann jedoch, Zeit zu gewinnen, indem er probiert, den Körper seines Opfers zu umklammern (5). Wiederum

weicht der Verteidiger nach außen aus und schmettert anschließend dem Angreifer das Knie ins Gesicht (6+7). Dann stampft er mit dem Fuß gegen das Knie des Fein-

8

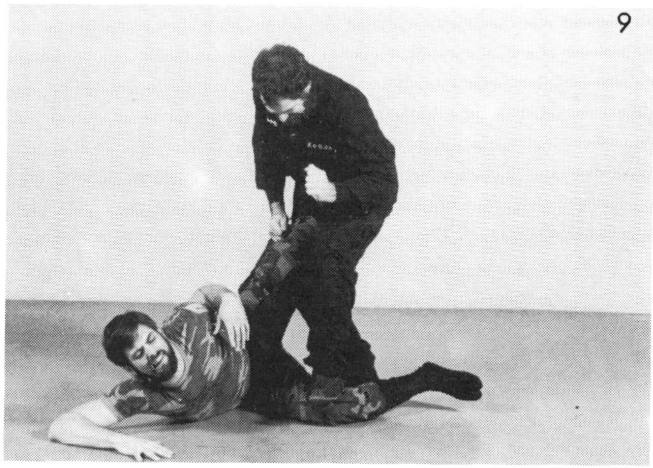

9

des, um diesen zu Boden zu bringen (8+9). Das andere Bein wird gebeugt und nach hinten gedrückt, um den Gegner unter Kontrolle zu halten (10).

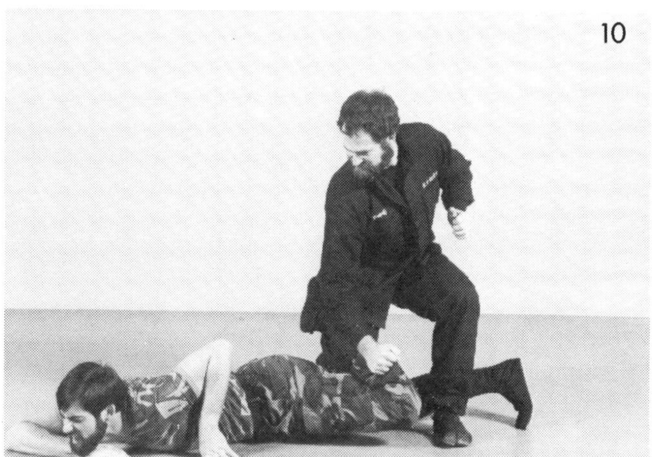

10

Schwert gegen Schwert

Der Angreifer hebt sein Schwert mit beiden Händen hoch und setzt zu einem diagonalen Hieb an (1). Anstatt zurückzuweichen, springt der Verteidiger nach vorne (2), umfaßt den Griff seines eigenen Schwertes verkehrt herum und zieht seine Waffe. Die nach unten fallenden Arme des Angreifers sind seiner gezogenen Klinge schutzlos ausgeliefert (3).

Dann dreht er sich mit dem Rücken zum Gegner (außerhalb der Reichweite von dessen Schwert!). Er führt seine Waffe über den Kopf des Feindes hinweg (4), preßt die Schneide an dessen Hals und zieht die Klinge dann nach unten durch (5+6), während er gleichzeitig in den Gegner hineingeht, um ihn aus dem Gleichgewicht zu bringen.

Kyoketsu Shoge gegen *Kusarigama*

Wenn der Angreifer die Kette der Kusarigama schwingt (1), bückt sich der Verteidiger und läßt sich nach vorne abrollen (2+3), um den gefährlichen Radius des Kettenendes zu unterlaufen. Er fällt auf ein Knie (4) und fängt sofort die Sichelhand des Gegners mit der eigenen Klinge ab. Die Gama wird bewegungsunfähig gemacht und ein Kniestoß gegen das Bein des Feindes angebracht (5). Dabei wird der gefährliche Sichelarm niemals außer acht gelassen. Dann wirft der Verteidiger das Seil über das Genick des Gegners und dessen Arm (6+7), um ihn bewegungsunfähig zu machen. Ein abschließender Wurf bringt den Aggressor zu Boden (8+9).

2

3

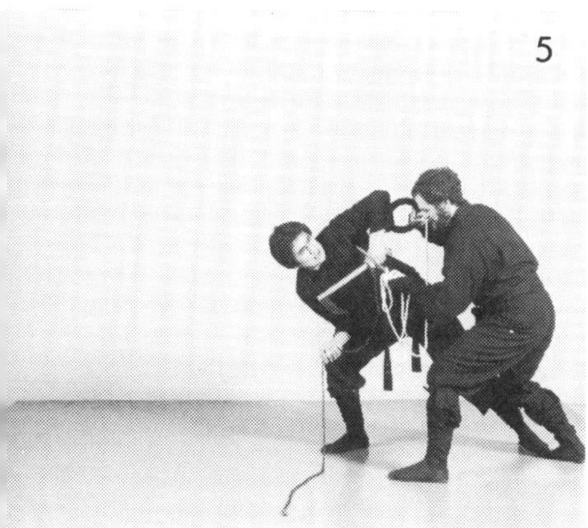
5

6

8

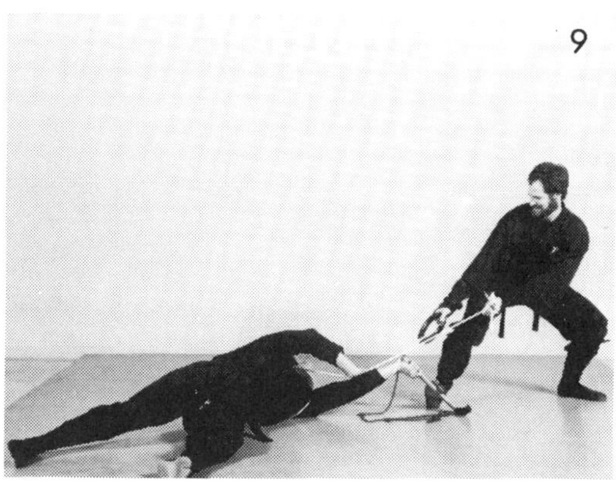
9

1

Shuriken-Nahkampf

Der Aggressor greift den Verteidiger am Jackenrevers und will ihm einen Knüppel auf den Kopf schlagen (1). Der Angegriffene fällt in eine Abwehrstellung zurück, greift dabei in eine verborgene Jackentasche und zieht einen vierspitzigen Semban-Shuriken heraus (2). Er dreht seinen Körper dann aus der Angriffsrichtung heraus, indem er seinen Vorderfuß nach hinten reißt; dabei schlägt er dem Aggressor eine Spitze des Shuriken in den

2

3

3A

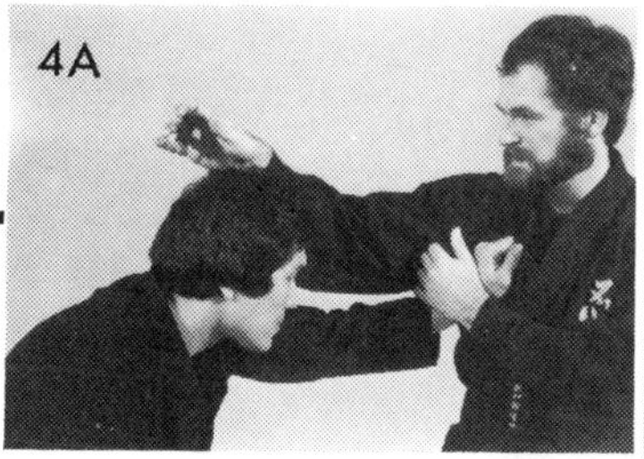

Rücken der greifenden Hand (3) (siehe auch 3A). Sobald der durch Zug und Schmerz aus dem Gleichgewicht gebrachte Angreifer nach vorn fällt, bringt der Verteidiger den Shuriken über seinem Kopf in Stellung (4) und drückt die Wurfklinge in die Kopfhaut hinein. (Bild 4A zeigt, wie der Shuriken zuerst flach gehalten wird; anschließend winkelt man ihn an und zieht ihn nach vorn und nach unten.) Ein Fußtritt zum Oberkörper beendet den Kampf (5+6).

1

3

6

Nahkampf

Der Aggressor beginnt seinen Angriff mit einem Fußtritt des vorderen Beines (1+2); der Verteidiger blockt diesen mit einem Fersenstampftritt ab (3+4). Sofort kontert der Angreifer mit einem Aufwärtshaken. Ein Konterfauststoß gegen den Oberarm blockiert diesen Angriff in seiner Anfangsphase (5), während der Verteidiger weiter in den Gegner hineingeht und einen Kopfstoß gegen das Gesicht des Angreifers anbringt. Dann greift er unter dem Arm des Gegners hindurch, hebt den eigenen Arm hoch und dreht sich vom Gegner weg; der feindliche Arm wird eingeklemmt (6+7) und der Gegner nach vorne zu Boden geworfen (8).

2

4

5

7

8

Shuriken: Abwehr eines Würgegriffs

Ein Angreifer nähert sich seinem Opfer von hinten und bringt einen Würgegriff an (1). Der Verteidiger greift in seine Jackentasche, zieht einen Shuriken heraus, reicht dann mit der Wurfklinge nach rückwärts über seine Schulter (2+2A) und steckt eine Spitze in die Kleidung oder die Haut des Gegners (3). Ein Senken des Körperschwerpunktes erlaubt es dem Verteidiger, den Shuriken noch tiefer in den Gegner hineinzuziehen und sich gleichzeitig zwischen den Füßen des Feindes in Stellung zu bringen (4). Ein Körperwurf bringt den Angreifer schließlich zu Boden (5).

1

3

2

2A

4

5

Abwehr zweier Gegner

Zwei Aggressoren bewegen sich auf den Verteidiger zu, um ihn zurückzudrängen (1). Letzterer reißt urplötzlich Schultern und Arme hoch (2) (als wolle er beide Angreifer mit den Fäusten schlagen), um die Angreifer zu erschrecken, abzulenken oder ihren Angriff etwas zu verzögern. Dann senkt er ruckartig seinen Körperschwerpunkt und führt einen doppelten Boshi-ken-Daumenstich gegen die vordringenden Gegner aus (3+4). Vor Schmerz beugen sich die beiden nach vorn und weichen etwas zurück; der Verteidiger ergreift diese Gelegenheit, läßt sich vorwärts fallen und rollt in eine günstigere Stellung (5–7), aus der er entweder die Flucht ergreifen oder den Kampf weiterführen kann.

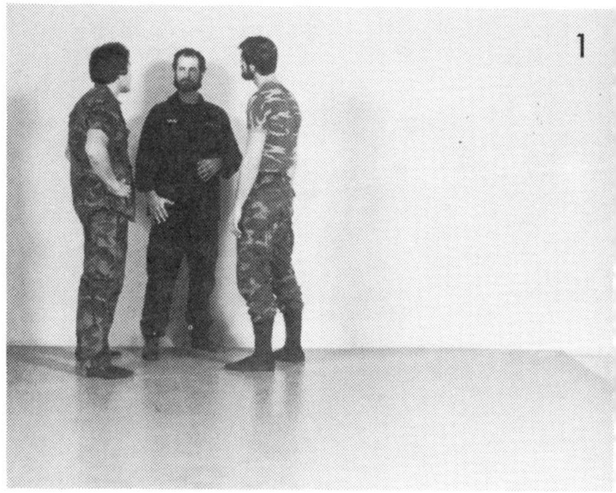

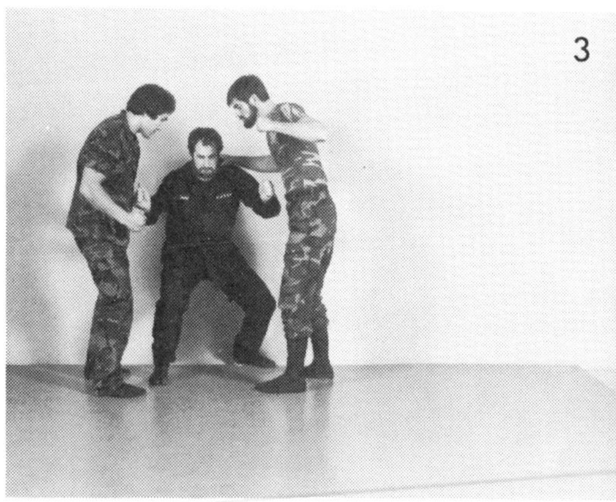

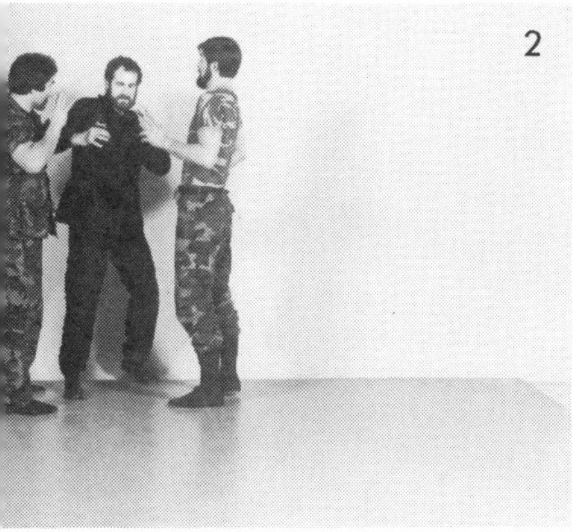
2

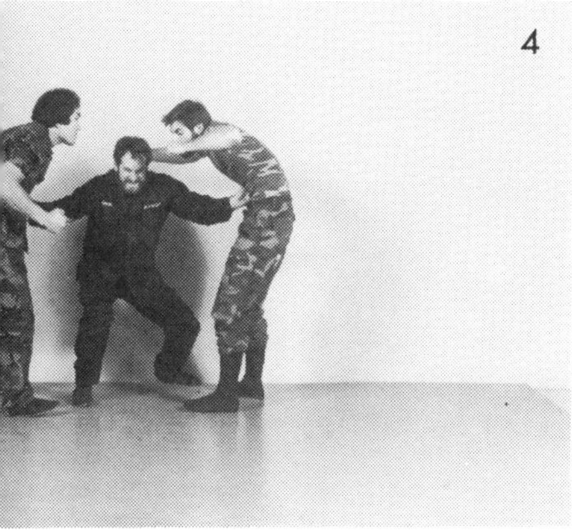
4

5

7

Greifabwehr eines Trittes

Der Gegner nähert sich und will einen hohen Halbkreisfußtritt am Kopf seines Opfers anbringen (1). Anstatt sich der Gefahr auszusetzen, mit dem schwächeren Armknochen einen Stiefel oder die robusteren Beinknochen abblocken zu wollen, wirft sich der Verteidiger geduckt nach vorn, taucht unter dem Angriff hinweg und drückt das Standbein seines Gegners nach hinten (3+4). Seine Schulter rammt das feindliche Knie an einer sehr verwundbaren Stelle. Der Aggressor stürzt zu Boden, der Verteidiger ändert seinen Preßangriff in eine Vorwärtsrolle ab (5+6) und schmettert dem Gegner seinen niederfallenden linken Fuß ins Gesicht (7). Falls notwendig, kann er den Feind mit einem rechten Fersenstampftritt unter das Kinn endgültig außer Gefecht setzen (8).

2

4

5

7

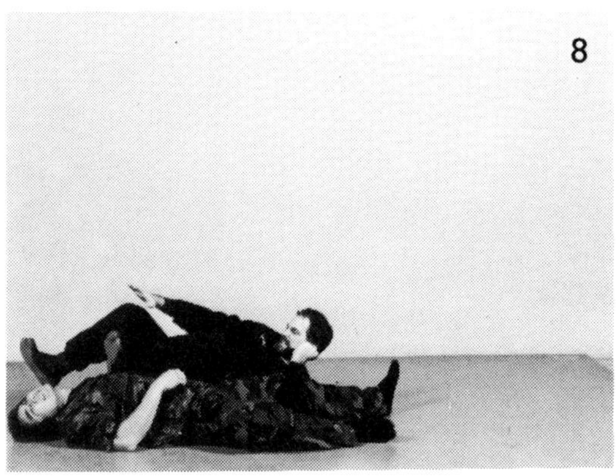

8

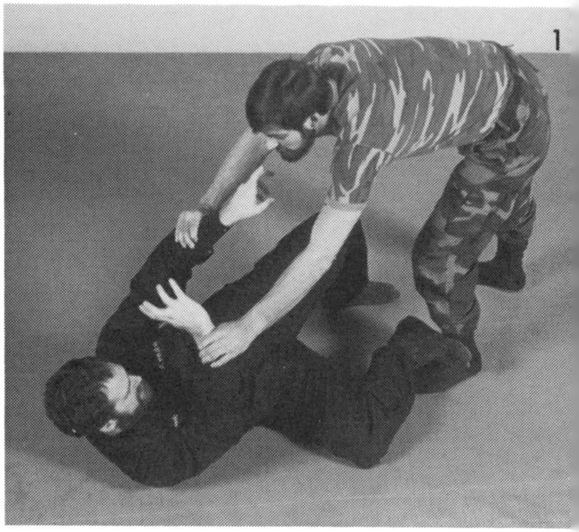

1

Verteidigung aus einer liegenden Stellung

Der Angreifer nähert sich, um den zu Boden gegangenen Verteidiger bewußtlos zu schlagen (1). Letzterer wartet, bis sein Aggressor nahe genug ist, dann tritt er mit seinem nach außen gedrehten Bein gegen die Innenseite des gegnerischen Oberschenkels (2+3). Dann hakt er seinen linken Fuß hinter das gegnerische Bein ein und zieht, während er mit dem rechten Bein einen Stampftritt gegen das feindliche Kniegelenk ausführt (4+5). Sobald der Tritt ins Ziel trifft, dreht der Verteidiger seine Hüften, um den Zug des anderen Beines noch verstärken zu können. Wenn der Angreifer hinfällt, weicht der Verteidiger einem gegnerischen Tritt aus (6) und bringt dann selbst einen Fersenstampftritt gegen den Unterleib des Feindes an (7).

3

6

2

4

5

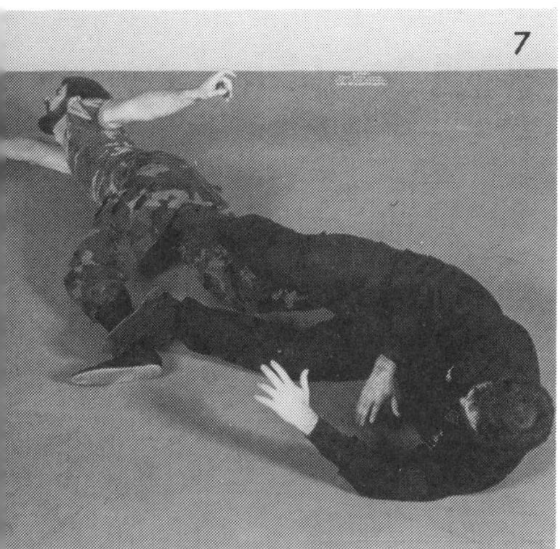
7

1

2

Messer gegen Messer

Angreifer und Verteidiger nähern sich einander (1). Beide haben ein Messer in der rechten Hand. Der Aggressor greift die Magengegend seines Opfers mit einem Schnittangriff nach innen an (2). Der Verteidiger geht in den Angriff hinein und gebraucht dabei seine rechte Hand, um einen Schlag gegen die Innenseite des angreifenden Armes anzubringen (3). (Dies ist ein Angriff und keine bloße Abwehr. Beachten Sie, daß die Faust den Arm abstoppt, ohne

3

ihm eine Schnittwunde beizubringen. Jeder Versuch, den gegnerischen Messerarm ohne einen vorhergehenden Schlag abzufangen, ist wegen der großen Schnelligkeit eines Messerkampfes zu gefährlich.) Dann greift er den Waffenarm des Gegners (4+5) und bringt einen Schlag mit dem stumpfen Messergriffknauf am Kopf des Feindes an. Dabei gebraucht er die Kraft seines ganzen Körpers, um dem Schlag zusätzliche Wucht zu ver-

4

5

6

7

leihen. Gleichzeitig dreht er seinen Körper weiter in den Gegner hinein. Anschließend bringt er seinen eigenen Messerarm über das Genick des Angreifers (6), drückt ihm die stumpfe Seite der Messerklinge in den Hals und zieht ihn mit Hilfe seines

8

ganzen Körpergewichtes nach unten, ohne ihn zu verletzen (7+8). Der rechte Arm des Angreifers muß dabei unter Kontrolle gehalten werden. Ein Armblock (9+10) hält den Gegner am Boden, während er entwaffnet wird.

9

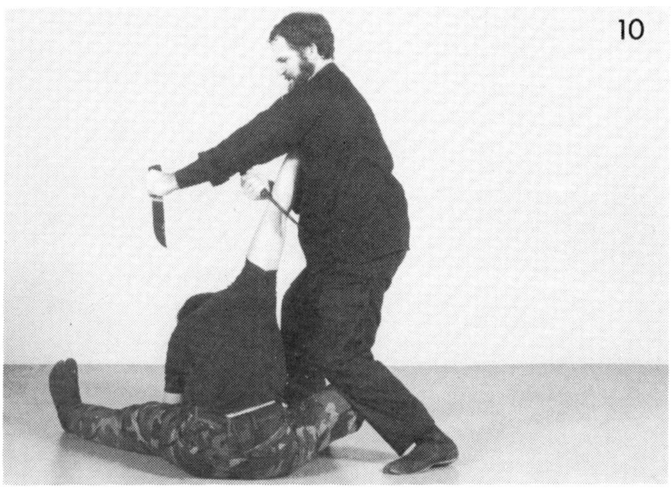

10

Wiedererlangung der Herrschaft über eine Waffe

Nähert sich der Aggressor mit einem Messer (1), hebt sein Opfer den Hanbo zu einem Schlag. Der Angreifer täuscht einen Stichangriff vor, springt dann jedoch nach vorn und ergreift den Stockarm des Verteidigers am Handgelenk (2+3). Der Angegriffene tritt den bewaffneten Arm des Aggressors zur Seite, um nicht erstochen zu werden (4), und ergreift den Hanbo dann unter dem Handgelenk des Gegners hindurch (6). Dann tritt er mit dem hinteren Bein nach rückwärts und nach außen (weg vom Messerarm) und schließt die greifende Hand des Gegners auf diese Weise ein (7+7A). Der Verteidiger zieht den gefangenen Gegner nach vorn und nach unten, indem er selbst in eine tiefe Stellung zurückweicht (8+9).

1

4

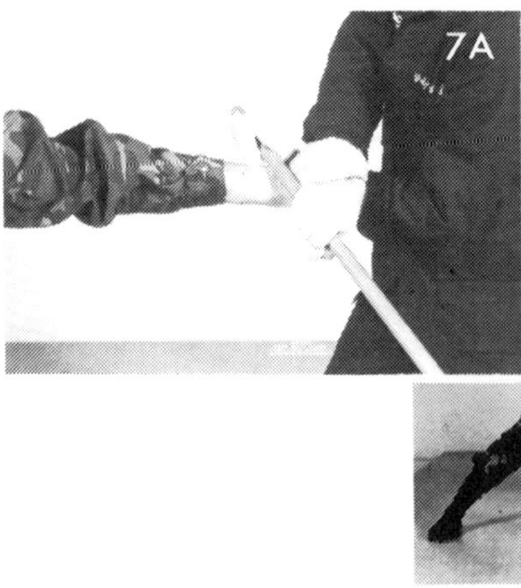
7A

7

2

3

5

6

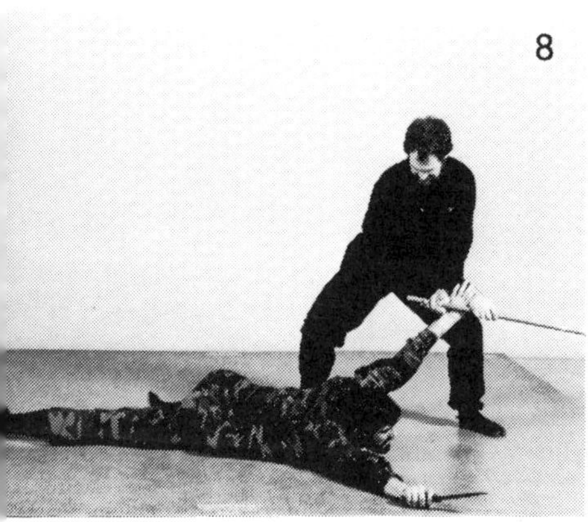

8

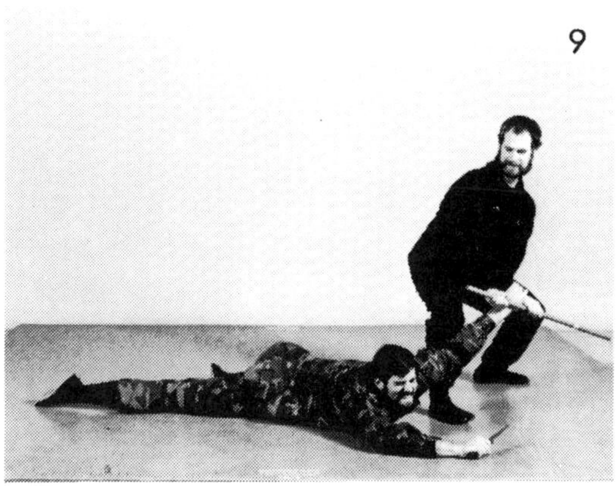

9

Hanbo: Abwehr eines Messerangriffs

Der mit einem Messer bewaffnete Aggressor ergreift den Verteidiger an der Schulter, um ihn aus dem Gleichgewicht zu bringen und ihn dann zu erstechen (1). Der Angegriffene weicht nach außen aus (2), um dem Messer zu entgehen, und schlägt gleichzeitig den Hanbo in die Kniekehle des Vorderbeines des Gegners. Während er noch weiter nach außen ausweicht (3), ergreift er die gegnerische Hand, preßt sie fest an seinen Oberkörper und schlägt den Hanbo gegen den Ellbogen des ausgestreckten Armes (4+5). Der Stock wird gegen den nach außen gedrehten Ellbogen gedrückt. Dabei setzt der Verteidiger sein Körpergewicht und die Energie der Drehbewegung ein (6+7). Dieser Armhebel läßt den Feind über das ausgestreckte Bein fallen.

1

4

5

2

3

6

7

***Kusarigama:* Abwehr eines Schwertangriffs**

Der Angreifer nähert sich mit einem Schwert (1). Darauf reagiert der Verteidiger, indem er dem Gegner das beschwerte Kettenende der Kusarigama entgegenschwingt (2). Der Feind entgeht dieser Bedrohung, indem er

3

4

schnell seine Arme zurückzieht; dann greift er mit einem horizontalen Schwerthieb an (3+4). Der Verteidiger schlägt aus einer drehenden Bewegung heraus gegen den Vorderarm des Aggressors (5). Bevor der Gegner sich

5

6

7

von diesem Angriff erholen kann, schlägt der Verteidiger ihm den Stiel der Sichel ins Gesicht und drückt ihm diesen dann gegen den Hals, während er sich selbst hinter ihm in Stellung bringt (6+7). Dort

8

9

überkreuzt er seine Hände, um einen Würgegriff von hinten anzubringen. Dann dreht er sich um die eigene Achse und wendet einen Rückwärtswurf an, um den Feind vollends kampfunfähig zu machen (8–10).

10

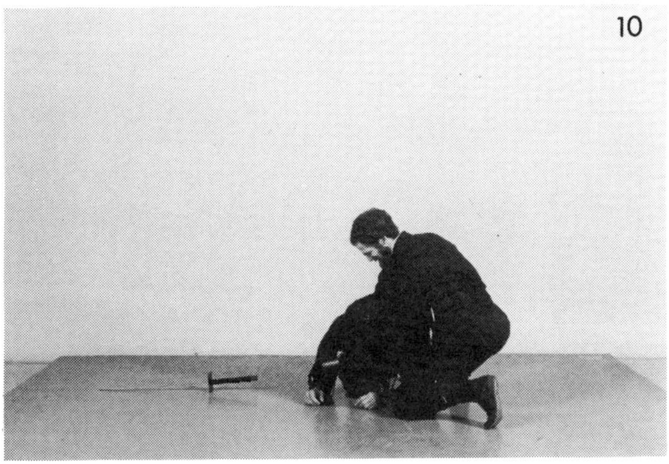

Unbewaffnet gegen einen Messerangriff

Der Angreifer nähert sich mit einem Messer in der rechten Hand (1) und setzt zu einem Stichangriff gegen den Rumpf seines Opfers an, das nach außen ausweicht, um dem Stich zu entgehen. Sofort nachdem der Verteidiger seine Beinstellung verändert hat, schlägt er gegen den Brustkorb des Gegners (2) und bewegt sich weiter an diesem vorbei. Dabei läßt er den rechten Arm in der Ellbogenbeuge des Feindes in Stellung (3). Wenn der Gegner versucht, sich aus dem Armblock herauszudrehen (5), greift der Verteidiger mit seinem freien Arm über den linken Arm des Gegners und stellt auch diesen sicher. Er zieht seinen Griff fester an und faßt das Gelenk der Messerhand mit seiner Linken (6). Dann tritt er dem Feind die Beine auseinander (7), so daß dieser zu Boden stürzt, und entwendet ihm die Waffe (8+9).

1

4

7

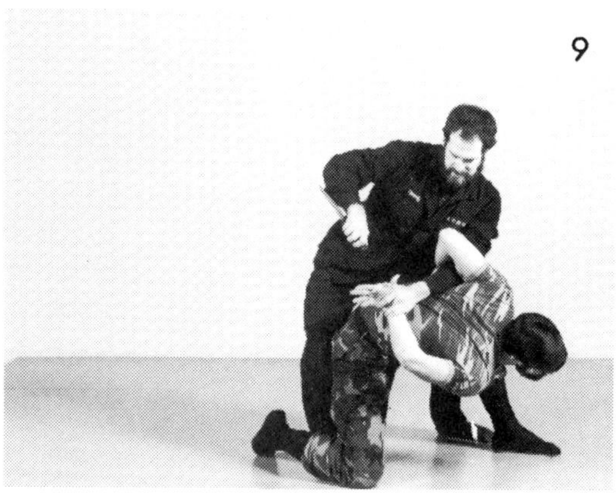

忍

Fünftes Kapitel

KUJI-KIRI:
Die Steuerung der Kräfte der Umwelt

Der Kern der zehntausend Dinge
birgt eine dynamische Kraft.
Indem der Ninja sich mit jedem Ding
in Übereinstimmung bringt
und nicht ein einziges vergißt,
kann er sich die geballte Kraft
des Kosmos sichern.

Die Brücke zu diesen Kräften heißt
Übereinstimmung und Aktivierung von
Gedanke, Wort und Tat.

Junge, abergläubische Samurai mit geringer Kampferfahrung hatten oft eine Heidenangst vor den Ninja. Man wußte, daß diese Untergrundkämpfer vom Gesetz daran gehindert wurden, ihre Gesellschaft auf ehrenvolle Weise zu verteidigen. Daß diese Schattenkämpfer sich darüber hinaus noch als Beschützer der mystischen Mikkyo-Tempel verstanden, vergrößerte verständlicherweise ihre Anrüchigkeit. Die mittelalterlichen Ninja sah man vor allem mit Angst und Schrecken an, weil man sie nicht verstand. Man sagte ihnen nach, sie seien mit *Maryoku* (dunklen Mächten), *Yurei* (bösen Geistern) und *Oni* (Dämonen) im Bunde. Statt diese lächerlichen Beschuldigungen zurückzuweisen, ließen die Ninja sie bestehen, sie verstärkten sie sogar noch, indem sie den Phantasien ihrer Gegner immer weiteren Nährboden gaben. Wenn man sich mit einer Übermacht konfrontiert sieht, so muß man eben auf jede Waffe und List zurückgreifen, die den Sieg sichern kann. Furcht und Aberglaube können sich als wichtige Hilfsmittel erweisen, wenn sie von Leuten mit klarem Verstand und Wissen geschickt genutzt werden. So erzählten sich die Leute hinter vorgehaltener Hand, die Ninja würden vom Tengu, einem Wesen, halb Krähe und halb Dämon, abstammen: dieses Märchen ist mit ziemlicher Sicherheit das Ergebnis einer Anlehnung der legendären tibetanischen Garunda an die japanische Kultur. Man wußte auch, daß die fanatischen Shugenja-Asketen aus den Bergen einen großen Einfluß auf das Ninjutsu hatten; man sagte ihnen nach, sie hätten die Ninja gelehrt, ohne Schaden über glühende Kohlen zu gehen, unbekleidet durch eiskaltes Wasser zu schreiten, das Wetter zu kontrollieren und zu beherrschen und mächtige Kami (Geister) aus allen Teilen der Natur zu rufen. Außerdem glaubte man, daß die geheime Mikkyo-Doktrin, welche Yoga- und Tantra-Lehren aus dem fernen Himalaya widerspiegelt, den Ninja die Fähigkeit gab, auf Wunsch unsichtbar zu werden, die Gedanken anderer zu lesen und den Lauf der Geschichte allein durch die Kraft ihres Willens zu verändern. Die Gegner der Ninja-Clans glaubten fest daran, daß die Schattenkrieger all diese Kräfte besäßen; es war den Ninja also ein leichtes, diese schon vorhandene Angst zum Erreichen der eigenen Ziele zu nutzen.

Wie bei den meisten Legenden, gibt es jedoch auch hier ein Körnchen Wahrheit, um das sich die wilden Geschichten ranken. Neben phantastischen Märchen, die uns erzählen, wie Ninja einen Feind verfluchen oder auf sonstige Weise verhexen oder verzaubern, um ihn auf diese Weise zur Strecke zu bringen, gibt es auch Geschichten, die uns berichten, wie die Schattenkrieger andere oder sich selbst körperlich oder geistig stärken, um die Kraftverhältnisse in einer gefährlichen Auseinandersetzung zu verlagern. Den Kern des Aberglaubens bildet die oft übertriebene und

Im Mittelalter glaubten die abergläubischen Japaner, daß die Ninja von Tengu-Dämonen abstammten.

mißverstandene Fähigkeit des *Kuji no ho* (Methode der neun Silben) und der dazugehörenden *Juji-no-ho*-Symbolik.

Der Zahl neun kommt in Ninjutsu eine besondere Bedeutung zu. Sie ist als »Zahl des Universums« bekannt und symbolisiert gleichzeitig die Vielfalt und die Perfektion, welche im Universum vorherrschen. Als »drei mal drei« erinnert sie uns an das *San-go,* die drei Ebenen einer Handlung (Körper, Verstand und Geist). Jede einzelne dieser drei Phasen wird der Reihe nach auf einer körperlichen, verstandesmäßigen und geistigen Bewußtseinsebene erfahren. Mathematisch gesehen ist die 9 die letzte Zahl, bevor man wieder die Null erreicht. Die Zahl 10 befindet sich jenseits der Vollständigkeit: die Ziffer 1 befindet sich in einer neuen Kolonne, und eine Null ersetzt die 9. Aus diesen Gründen sieht das Ninjutsu-Kuji no ho die 9 als Symbol der perfekten Kraft an.

Das *Kuji-Goshin-ho* (neunsilbige Methode des Schutzes) des Nin-po-Mikkyo ist ein System, das neun gesprochene Wörter oder *Jumon* (Mantra), neun dazugehörige Handzeichen – man bezeichnet sie als *Kuji-in* (neunsilbige Zeichen) – und neun verschiedene Konzentrationsprozesse beinhaltet. Das ganze System des *Kuji-Goshin-ho-Ketsu-in* wird benutzt, um die körperliche und geistige Verfassung des Ninja so abzuändern, daß er einer auf ihn zukommenden Aufgabe möglichst gut begegnen kann.

Die verschlüsselten neun Silben entstammen einer chinesischen Darlegung, in der die neun Schriftzeichen folgenden Satz bilden: »Vor der

Schlacht versammeln sich alle Krieger in Reihen vor der Festung.« Im alten China vermischten die Strategen ihr Kriegswissen oft mit esoterischen Erkenntnissen (Juho), um sich auf diese Weise einen maximalen Erfolg im Kampf zu sichern. Der chinesische Satz »Ring p'ing to ze chieh chen li zai chien« wird im Japanischen zu »Rin pyo toh sha kai jin rets' zai zen«. Man nimmt an, daß er ein Spektrum von neun göttlich inspirierten Kraftebenen widerspiegeln soll, die einem Erleuchteten zugänglich sind.

Das *Juji no ho* (Methode der zehnten Silbe) des Nin-po bringt die dem Kuji-System innewohnende Kraft an ihre symbolische Grenzen; dieses System stellt nämlich eine Willensstärke dar, die der Absicht des Ninja eine Kraft verleiht, die sogar diejenige des ganzen Universums in den Schatten stellt. In diesem Fall steht die Zehn für eine Stufe jenseits der Perfektion und der Vollständigkeit. Man kann sie als »Nullstufe« ansehen, zu der man gelangt, wenn man den Kreis aller Forderungen und Probleme des Lebens überwunden hat und in seiner Entwicklung wieder bei der Anfangsstufe anlangt. Das *Juji*-Ideogramm oder seine graphische Darstellung werden zusätzlich zu einer der *Kuji-no-ho*-Methoden der Kraft gebraucht, um die Willenskraft des Ninja noch weiter zu intensivieren und so das gewünschte Ziel mit einer noch größeren Kraft anzuziehen.

Egal wie materialistisch man die Welt auch ansehen mag, unerklärliche oder mysteriöse Vorfälle findet man trotzdem immer wieder vor. Da gibt es Leute, die plötzlich wie durch ein Wunder von einer tödlichen Krankheit genesen, andere werden durch eine Reihe von unwahrscheinlichen Zwischenfällen daran gehindert, ein bestimmtes Flugzeug zu nehmen, das kurz darauf gerade bei diesem Flug abstürzt, auf wieder andere wird aus nächster Nähe geschossen, und sie bleiben trotzdem unverletzt. Jemand, der solche Phänomene ignoriert oder einfach behauptet, es gäbe sie nicht, bloß weil sie nicht in ein bestimmtes wissenschaftliches Konzept passen oder einer bestimmten, rationalen Lebensführung zu entsprechen scheinen, muß wissen, daß er einen großen Teil der Lösung eines Problemes dem reinen Zufall überläßt; dies ist eine höchst gefährliche Einstellung für jemanden, der sein Leben schützen will, indem er die Prinzipien des Ninjutsu anwendet.

Sicherlich kann der Uneingeweihte die Kuji- oder Juji-Methoden des Ninjutsu als Zauberrituale ansehen, als Verfluchungen oder Segnungen, die beim Feind voraussehbare psychologische Reaktionen auslösen. Der »Voodoo-Puppen-Effekt«, der bewirkt, daß eine Person allein schon von der Suggestion schwach und krank wird, kann nicht so ohne weiteres von der Hand gewiesen werden. Im Mittelalter hatten Leute, deren Aufgabe es war, ein Heer zu führen, nur in den seltensten Fällen die nötige Einsicht, einen Aberglauben als solchen zu erkennen, ohne selbst von der

Angst angesteckt zu werden. Wenn man weiß, daß sie jedoch so weit gingen und die Macht der Ninja und der mit ihnen verbundenen Dämonen offiziell anerkannten, so ist es nicht weiter verwunderlich, daß sich einfache Soldaten Schaden zufügen konnten, der seinen Ursprung allein in der Macht der eigenen Vorstellungskraft hatte.

Von einer anderen Seite aus gesehen kann es natürlich auch sein, daß richtig angewandte Segnungen, Verfluchungen und Gebete tatsächlich eine bestimmte Wirkung haben, auch wenn wir zum gegenwärtigen Zeitpunkt unfähig sind, diesen Prozeß auf eine wissenschaftliche Weise zu erklären. Selbst in unserer modernen Gesellschaft sehen noch viele gebildete Leute Verwünschungen und Segnungen als Realitäten an und berücksichtigen sie bei der Planung persönlicher, gesellschaftlicher oder geschäftlicher Dinge. Viele verlassen sich darüber hinaus auf die Kraft der Gebete, um Stärke und Einsicht in schwierigen Zeiten zu erhalten. Alle westlichen Religionen bejahen die Existenz dieser Kraft und empfehlen ihren Gebrauch.

Der erste Schritt der Entwicklung des Ninjutsu-Kuji zur Leitung des Willens besteht darin zu begreifen, daß eine Idee oder Absicht ein besonderes Mittel haben muß, das sie aus dem üblichen, umherwirbelnden Gedankenwirrwarr herausisoliert, damit sie ihre Wirksamkeit voll entfalten

Ein Ninja erschreckt seine abergläubischen Feinde mit einer Teufelsmaske aus Holz.

Eine Kunoichi zeigt eines der Handzeichen des »Kuji no ho-Ketsu-in« vor. Diese mystischen Zeichen dienen der Kanalisierung innerer Energien; sie gehören heutzutage, genau wie früher, zu den höheren, esoterischen Aspekten des Ninjutsu.

kann. Anfänger verwechseln oft ihre wahren Absichten mit bloßem Wunschdenken oder kurzfristigen Forderungen, welche hoffnungslos weit vom tatsächlichen Ziel entfernt sind. Von der westlichen Psychologie ausgehend ist es sehr schwer zu verstehen, daß ein bloßer Gedanke eine eigenständige Existenz und die Kraft hat, äußere Umstände zu beeinflussen. Aus diesem Grund wird der Absicht eine kurze verbale Äußerung verliehen, dann hat auch sie ein eigenes pulsierendes Dasein. Das gesprochene Wort gibt der Absicht eine Form, eine Gestalt, die sie sonst nicht hätte. Sie wird zu einem eigenständigen »Ding«, isoliert vom Krieger, der sie hervorgebracht hat.

Intensive Gedanken, die zusammen mit tiefgreifenden Gefühlen aus dem Innersten eines Menschen herauswachsen, erzeugen eine bestimmte Energie, eine geistig-kynetische Form, die man als neuro-muskuläre Entladung bezeichnet. Je tiefer das Gefühl, welches dieses Wort begleitet, desto wahrscheinlicher ist es, daß die Äußerung tatsächlich von einer physischen Absichtsoffenbarung begleitet wird. Zeigt man mit dem Finger, schlägt man die geballte Faust in die offene Handfläche, stampft man mit dem Fuß auf den Boden oder verzieht man das Gesicht zu einer furchterregenden Maske, so zeigt dies an, wie es um unsere Verfassung bestellt ist. Es sind Beispiele von meist unbewußten Gesten, die unsere innere Absicht veräußerlichen und ihr eine kraftvolle Gewißheit verleihen.

Diese dynamische (und oftmals dramatische) Inanspruchnahme der Kräfte des *Sanmitsu* – Gedanke, Wort und Tat – bildet den ersten der drei Schritte zur Anwendung des Ninjutsu-Kuji no ho. Zunächst isoliert der Ninja die Absicht. Dann verleiht er ihr eine lebendige, verbale Form. In einer dritten Phase wird sie schließlich in eine physische Wirklichkeit verwandelt. Diese Methode wird von den beiden wichtigsten Systemen des Nin-po-Kuji angewandt.[1]

Die meisten Leute haben schon irgendwann einmal an einem bestimmten Platz oder in Gegenwart bestimmter Leute ein starkes Unbehagen gefühlt. Beim Betreten eines Zimmers, eines Gebäudes oder sogar einer bestimmten geographischen Gegend kann man von einem Gefühl der Disharmonie befallen werden; man spürt förmlich die mißtönenden, depressiven, aufregenden und kraftentziehenden Vibrationen, die überall vorherrschen. Oft findet sich keine zufriedenstellende Erklärung für ein derartiges Gefühl. Es ist bloß eine Feststellung, die man im Zusammenhang mit einem bestimmten Ort oder einer gewissen Person macht.

Wenn es jedoch feststeht, daß disharmonische Wellen existieren und an bestimmten Plätzen verbleiben oder verschiedenen Personen anhaften, so muß es auch eine Ursache geben, die für diese negative Stimmung verantwortlich ist. Das Bestehen der Möglichkeit, eine ursprünglich neutrale oder gar positive Umgebung in eine negative zu verwandeln bedeutet, daß es auch möglich sein muß, die negativen Vibrationen wiederum zu verändern, um so die vorige Situation wieder herzustellen. Die schwermütigen, unstimmigen Gefühle können durch harmonische Wellen verdrängt werden, wenn es uns wichtig genug erscheint, unsere Energien dazu einzusetzen, die Umgebung zu verändern, anstatt sie bloß zu ertragen.

Sowohl materielle als auch geistige Faktoren spielen bei diesem Umwandlungsprozeß eine Rolle. Auf der physischen Ebene kann der Ninja geeignete Laute gebrauchen, um die Wellen der Umwelt zu verändern. Mit Hilfe einer geeigneten psychischen Konzentration vermag er in Harmonie mit einem bestimmten gewünschten Wellentyp zu gelangen und am Weiterbestehen dieses positiven Kräftefeldes mitzuhelfen.

Eine der verschiedenen Möglichkeiten zur Kombinierung der körperlichen, seelischen und geistigen Aspekte zur Veränderung der Umwelt ist das *Kuji-Kiri* (neunsilbige Gitter der Schnitte), das der Sage nach vom gottähnlichen Kriegerwächter Marishi-ten stammt. Diese esoterische Kraftformel des *Kuji-Goshin ho Kuji-Kiri* wird angewandt, um Böses, Illusionen, Unwissen und Schwäche zu überwinden und den Ninja zu schützen und zu stärken.

Aufrichtig und ohne das geringste Zögern ahmt der Ninja das flammende Schwert des Fudo-myo nach, des furchterregenden mythischen Beschützers des Willens, der Gesetze und der Integrität des Universums. Die positive Kraft der rechten Hand und die negativen Ströme der linken werden vor der Brust zusammengebracht. Sie stellen das sich noch in der

1 Die *Ketsu-in-* oder *Kuji-in-*Fingerzeichen, welche die inneren Energien kanalisieren, werden in den beiden ersten Bänden (»Die Lehre der Schattenkämpfer« und »Die Wege zum Shoshin«) beschrieben.

Scheide befindliche Schwert der furchtbaren Gottheit dar, während die Beschwörungsformel des Fudo-myo mehrmals wiederholt wird. Bei jeder Wiederholung werden Vibrationswirkung und Intensität des Jumon zu einem weiteren Höhepunkt getrieben.

Aus dieser Stellung tritt der Ninja mit dem gezogenen symbolischen Schwert vorwärts und zeichnet ein Gitter von abwechselnd waagerechten und senkrechten Schnitten in die Luft. Die geistige Klinge bewegt sich von links nach rechts und von oben nach unten, während der Ninja die neun Kraftsilben des Kuji-Goshin ho ausspricht. Die zehnte Silbe kann beigefügt werden, bevor er das Energiegitter mit einem Handschlag zertrennt und das symbolische Schwert wieder in die Scheide steckt.

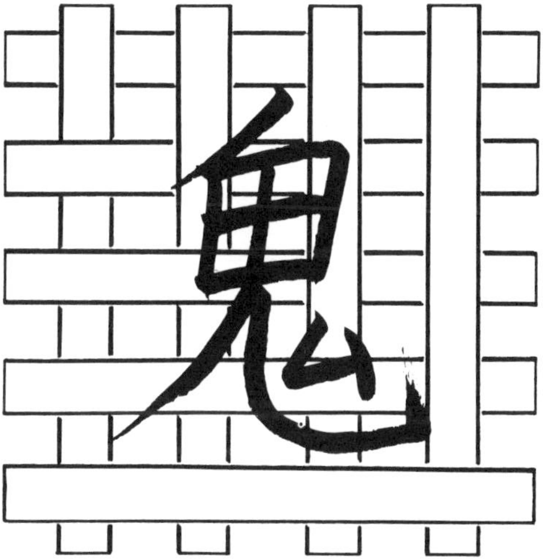

Das Kuji-Kiri (Gitter der neun Schnitte) wurde den Feinden oft als Verwünschung an die Mauer gemalt oder den Verbündeten als Segen hinterlassen. Bei diesem Beispiel besteht die zehnte Silbe (Juji) aus dem japanischen Schriftzeichen Oni (Dämon), welches wegen seiner psychologischen Schockwirkung gerne verwendet wurde.

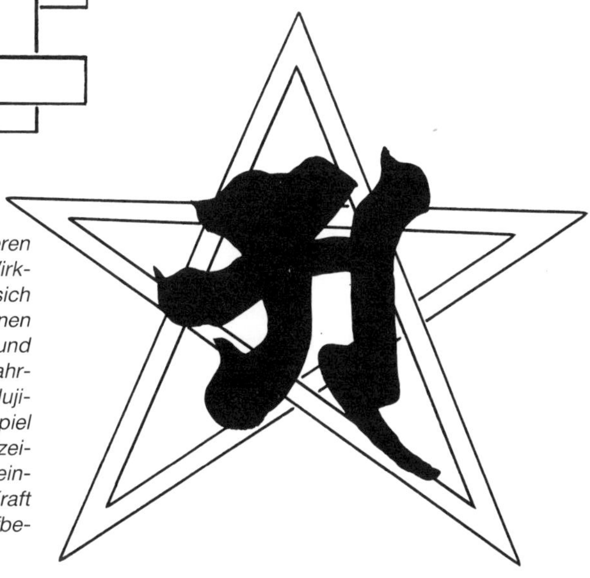

Der fünfzackige Stern (beim näheren Hinsehen bemerkt man, daß er in Wirklichkeit zehn Spitzen hat) stellt zwei sich gegenseitig durchdringende Ebenen dar: die Taizokai-Welt der Materie und das Kongokai-Reich der letzten Wahrheit. Dieses Symbol wurde oft als Juji-Zeichen gebraucht. Bei diesem Beispiel ist die Bonji (indisches Gupta-Schriftzeichen) -Kraftsilbe »A« in den Stern hineingeschrieben worden. Sie soll die Kraft des Gottes des Universums heraufbeschwören.

Die *Kuji-Denjyu-no-Makimono* (Schriftrolle zur Weiterreichung der neunsilbigen Kraftmethode)[2] bezeichnet dieses geisterhafte Schutzgitter als Mauer der Absicht. Dann vergleicht sie das Gitter mit der Kraft des berühmten Schwertes. In den Händen eines kleinen Kindes wird diese furchtbare Waffe zu einer nutzlosen Last, die nur Kraft verbraucht, anstatt dem Träger welche dazuzugeben. Auf die gleiche Weise wirkt sich das Kuji-Kiri bei jedem aus, der nicht zur vollkommenen Hingabe und blindem Glauben bereit ist und trotzdem das Ritual auszuführen versucht. Solch ein Mensch wird sich selbst mit Verwirrung, Zögern und nachträglichen Zweifeln bestrafen, und seine Energien werden zerstreuter sein als je zuvor. Ein halbes Gitter ist schlechter als überhaupt keins. In diesem Fall ist es besser, einfach jene Personen oder Orte, die Unbehaglichkeit erzeugen, zu meiden oder sie mit Hilfe rein körperlicher Techniken zu ertragen, bis der Zeitpunkt erreicht ist, an dem die persönliche Kraft des Ninja und die Unterstützung durch die früheren Generationen so stark geworden sind, daß das Kuji-Kiri zu positiven Resultaten führen kann.

Es ist wichtig zu bemerken, daß bei dieser Beschreibung der Kuji-Kiri-Methode verschiedene Einzelheiten nicht besprochen wurden, die jedoch unumgänglich zur richtigen Ausführung dieses Rituals sind.[3] Der dreiteilige Zyklus zum gleichzeitigen Gebrauch der Kräfte von Gedanke, Wort und Tat, wie er im fünften Kapitel im zweiten Band, »Die Wege zum Shoshin«, beschrieben wurde, kommt auch beim Kuji-Kiri-Kraftgitter zur Anwendung. Ohne bestimmte Atmungsrhythmen und geistige Konzentrationsübungen hat ein reines Händewinken und ein Murmeln von scheinbar sinnlosen Lauten jedoch nicht die geringste Wirkung auf Umgebung oder Persönlichkeit eines Menschen.

Im Mittelalter wurden diese geheimen Methoden nur an Auserwählte weitergereicht, da ihre Ausübung strengstens verboten war. Auch zu dieser Zeit lebten die organisierten Staatsreligionen schon in der Angst, ihre Kontrolle über die Massen zu verlieren und versuchten auf politischem Weg, mit künstlich gehaltener Unwissenheit und der bequemen Erfindung von Teufel und Dämonen jede andere Glaubenslehre samt ihren Anhängern vom Erdboden zu vertilgen. Darüber hinaus würde selbst eine in allen Einzelheiten dargelegte Anweisung keinen Sinn für denjenigen haben, der nicht genauestens über die feinen Unterschiede zwischen Kuji-

2 Diese Schriftrolle wurde mir im Zenkoji-Tempel unterhalb des Gipfels des Togakure-Berges in Nagano (Japan) überreicht.

3 Diese Einzelheiten sind absichtlich weggelassen worden, um wohlmeinende, aber ungenügend vorbereitete Schüler von einem Versuch abzuhalten, ihre Energien zu einem Zeitpunkt kanalisieren zu wollen, an dem ihre Persönlichkeit noch nicht genügend vorbereitet ist. Diese Maßnahmen haben, entgegen der voreilig gefaßten Meinung vieler, nichts mit einem Versuch zu tun, die Methode unter allen Umständen geheimhalten zu wollen.

und Juji-Lehren informiert ist, oder demjenigen, dem das Recht nicht gegeben ist, diese Kräfte zu gebrauchen. Bei solchen Leuten bleibt diese Methode ohne die geringste Wirkung, und jede Angst, Kuji-Kiri oder Kuji-in könnten für schlechte Zwecke mißbraucht werden, ist somit völlig überflüssig.

Obschon diese Methode des Verschweigens weniger dramatisch ist als etwa eine strenge Geheimhaltungspflicht oder eindringliche Warnungen über die tödlichen Gefahren beim Herumspielen mit reiner Kraft, ist es doch unumgänglich, verschiedene wichtige Punkte zur Kanalisierung der Energie nicht zu veröffentlichen. Dies ist absolut notwendig, um Neugierige daran zu hindern, diesen Prozeß leichtfertig auszuprobieren. Halbherzige oder von reiner Neugierde angetriebene Versuche, das Kuji-Goshin ho auszuprobieren, werden höchstwahrscheinlich keine greifbaren Resultate erbringen. Je öfter eine Person sich dann mit diesen Informationsbrocken abquält, und zu keinem Resultat kommt, desto verwirrter, enttäuschter und unempfindlicher wird sie und desto mehr verwässert die Essenz der Methode. Im nachhinein wird dieser Frustrierte dann glauben, daß »dieses Zeug nichts taugt« und sich auf diese Weise selbst die Möglichkeit nehmen, jemals den richtigen Gebrauch dieser Kräfte zu erlernen.

Die gleiche Denkweise kann man bei der Darstellung der körperlichen Aspekte beobachten. Es wird schon dem einen oder anderen aufgefallen sein, daß bei der Beschreibung der Kampfsituationen in den vorangegangenen Bänden mit keinem Wort auf verschiedene Punkte eingegangen wurde. So wurde beispielsweise kein Versuch unternommen, so wichtige Aspekte wie Timing oder Körperbewegungen zu beschreiben. Genau wie bei den komplizierteren geistigen Lehren geschah dies nicht aus irgendwelchen Geheimhaltungsgründen oder aus Angst vor einem Mißbrauch, sondern vielmehr, weil es überhaupt nicht möglich ist, Ninjutsu – selbst auf seiner niedrigsten Ebene – auf eine rein mechanistische Weise zu lernen. Im Gegensatz zu der Mehrzahl der heutigen Kampfsportarten ist Nin-po ein Pfad, der gleich von der ersten Lektion an sein Gleichgewicht zwischen dem Körper, der Seele und dem Geist des Übenden finden muß.

Das Kuji-Kiri wurde in diesem Kapitel informationshalber für jene beschrieben, die bereit sind, dieses Wissen aufzusuchen. Die Kraft des Kuji ist real. Ähnlich wie Elektrizität, Sonnenstrahlen, Sturmböen oder andere Kraftquellen kann sie nicht mit Hilfe eines Buches erfahren werden; in diesem Rahmen ist bloß eine Beschreibung des Kuji-Goshin ho möglich. Eine echte Einführung kann jedoch nur zusammen mit einem erfahrenen Lehrer erfolgen. Die Kräfte des Kuji sind Geschenke, die dem Schüler an bestimmten Stellen auf dem Pfad des Kriegers zuteil werden. ■

NACHWORT

Heutiges Ninjutsu-Training

Mit Unterstützung und Hilfe meiner Schüler gründete ich im Herbst 1975 die »Shadows of Iga«-Ninjutsu-Vereinigung. Diese Gesellschaft setzt sich aus Ninjutsu-Schülern und -Begeisterten zusammen und hat als Ziel, die Vorteile des Wissens der japanischen Ninja in der westlichen Welt zu verbreiten und darüber hinaus all jene zusammenzubringen, die fühlen, daß es ihr Schicksal ist, zu einem Teil der Ninja-Tradition zu werden. Die »Shadows of Iga« bildet mittlerweile die Überwachungsinstanz für Dr. Hatsumis Bujinkan-Dojos in der englischsprachigen Welt. Die Gesellschaft hat Mitglieder in den USA, Kanada, Großbritannien, Australien, Deutschland, Schweden, Frankreich, Dänemark, Israel, Indien, Malaysien und Japan. Jeder, der an der Arbeit der »Shadows of Iga« und an Ninjutsu-Training interessiert ist, kann von folgender Adresse weitere Informationen erhalten:

SHADOWS OF IGA
P.O.Box 1947
Kettering
OHIO 45429 USA

Trainingswillige können am Training teilnehmen. Regionale Lehrgänge werden in Nordamerika und Europa abgehalten. Hier hat der einzelne Gelegenheit, eigene Erfahrungen mit Ninja-Kampfmethoden und Meditationstechniken zu sammeln. Einmal im Jahr organisiert die Gesellschaft ein Ninja-Festival, während dem die Teilnehmer sich rund um die Uhr auf das Training konzentrieren können. Neben diesen Seminaren und dem Festival besteht noch die Möglichkeit, sich in einem der Bujinkan-Dojos oder Clubs einschreiben zu lassen. Um einen Meistergrad in Ninjutsu zu erhalten, müssen strenge, umfangreiche Bedingungen erfüllt werden; aus diesem Grund gibt es nur wenige dieser Dojos in der westlichen Welt. Vollzeittraining ist möglich, wenn man nach einem Vorstellungsgespräch angenommen wird und bereit ist, in der Dojo-Umgegend zu wohnen.

Lehrer der Bujinkan-Dojo-Methode dienen als Berater bzw. Nahkampf- und Taktiktrainer bei Polizei- und Armee-Einheiten in der ganzen Welt. Die ausschließliche Praxisbezogenheit der Methode und das Fehlen eines sportlichen Aspektes machen das Ninjutsu jeder anderen Kampfsportart überlegen. Dies ist besonders interessant für Profis, deren Leben davon abhängen könnte, wie gut sie sich in einem Ernstfall zur Wehr setzen können.

Als Folge der großen Publizität, die die Massenmedien den Ninja und ihrer legendären Kunst in letzter Zeit zukommen ließen, haben sich unglücklicherweise Ninja-Nachahmer gefunden, die absolut unqualifiziert sind, um die Tradition zu verkörpern, sich aber trotzdem den Titel Ninjutsu-Lehrer verleihen. Ohne eigene Trainingserfahrungen auf dem Weg des Kriegers ist es nicht möglich zu verstehen, daß Ninjutsu nicht nur ein »Stil« oder eine Variante eines Spieles oder einer Sportart ist, die man früher unter dem Namen Kriegskunst kannte. Einen schwarzen Kampfanzug anziehen und dann verkünden, man sei Ninjutsu-Lehrer, genügt hier ebensowenig wie nach Japan zu jetten, um sich dort während des Kurzbesuches in einem Bujinkan-Dojo zusammen mit den Großmeistern fotografieren zu lassen. Dies ist kein Ersatz für eine ernsthafte Lehre unter der Leitung eines erfahrenen Meisters. Jeder, der die in diesem Buch dargelegten Trainingsmethoden weiterüben will, soll sehr vorsichtig sein, ehe er sich in einer Ninjutsu-Schule einschreiben läßt. Ich möchte nicht, daß Leute, die durch meine Bücher angeregt und motiviert worden sind, von skrupellosen Angebern ausgenutzt und für dumm verkauft werden.

Die lebensrettenden Wege der historischen Ninja sind heutzutage genauso wichtig für die Menschheit wie eh und je. Da Obunaga Oda und seine Truppen die Wälder nicht mehr durchkämmen, um jeden zu töten, der mit den Shinobi-Kriegerclans in Berührung steht, ist es nicht mehr notwendig, das Training wie früher unter Geheimhaltung durchzuführen.

Während seiner ersten Reise in die Vereinigten Staaten besuchte Dr. Hatsumi das Trainingslager des Autors in Ohio, wo er Hayes' Schüler persönlich in Taijutsu-Techniken unterrichtete. Hier demonstriert er, auf welche Einzelheiten man bei der Abwehr eines Messerangriffs achten muß.

Ninja-Training: Hayes beim Abwehren eines Angriffs mit einem Messer.

Doch wir dürfen nicht vergessen, daß immer wieder Gefahren auftauchen können, die Eigenständigkeit, Freiheit, Eigentum oder Selbstverwirklichung des einzelnen bedrohen. Aus diesem Grunde wird es immer Meister geben, die das Vermächtnis des harmonischen Lebens im Einklang zu dem Lauf der Dinge weiterreichen, ähnlich wie die Vorgänger der alten Ninja-Kämpfer dies taten.

Es gibt einen weiteren Grund, weshalb die Tradition all die Jahrhunderte überlebt hat und nun wieder an die Öffentlichkeit tritt, und dies zu einem Zeitpunkt, an dem der Mensch sich am Rand eines neuen Zeitalters befindet. Die letzte Wahrheit wird niemals verblassen oder uns im Stich lassen. Der Weg des Ninja ist der Weg des Dienens. Stark sein ist das beste, was ein Ninja tun kann.

Die pragmatischen Methoden des Ninjutsu kombinieren dieses Paradox: ein Potential unglaublicher Gewalttätigkeit einerseits und nachsichtige Liebenswürdigkeit andererseits, je nach Situation. Mit Hilfe dieser Kunst kann man die Furcht vor dem Ungewissen wirksam aus seiner Umgebung verbannen. Nur indem man die Existenz der Gefahren, welche in unseren unsicheren Zeiten weiterbestehen, klar anerkennt und sich ihnen entgegenstellt, können wir unsere Kräfte sammeln und die nötigen Einsichten entwickeln, die uns von der Macht eines negativen Bewußtseins befreien. Indem wir der schlechten Realität immer wieder ins Gesicht sehen, lernen wir, unseren Selbstbetrug zu entlarven, und wir durchbrechen unsere selbstauferlegten Grenzen, die einem rein defensiven Festhalten an veralteten Ansichten über Selbstverteidigung entstammen.

Letztlich besteht die wirksamste Verteidigung der eigenen Person, der Freunde und der Gesellschaft in der Lage angepaßten Handlungen; ein bloßes Abwehren ist bei weitem nicht so wirksam. Will man die Qualität seines Lebens verbessern, so muß man sich diese Lehre zu Herzen nehmen und danach handeln; sie lediglich intellektuell zu verdauen, genügt bei weitem nicht. Die Methoden dazu finden wir in den alten Praktiken der *Shugenja* des Togakure-Berges, die bekanntlich von den Nachfolgern der Togakure-Familie weiterentwickelt wurden und heutzutage von den Bujinkan-Dojos der Togakure-Ryu-Meister am Leben gehalten werden. Diese Weisheit zu suchen, den Schritt nach vorn zu wagen und in seinem Herzen zu wissen, daß schon Generationen vorher diesen Schritt getan haben, dies ist die Grundlage für einen erfolgreichen Start auf dem Pfad des Togakure-Kriegers.

Anmerkung des Übersetzers

In Deutschland und Österreich widmet sich die INAG (INTERNATIONAL NINJUTSU ASSOCIATION GERMANY) der Verbreitung des Togakure-Ryu-Ninjutsu. Diese Organisation verfügt über eine ganze Reihe von Dojos im deutschsprachigen Raum. Weitere Informationen können Interessierte von folgender Adresse bekommen:

ASIA SPORT CENTER
Sekretariat der INAG
Philipp-Reiß-Straße 13/A
D 6057 Dietzenbach 2

Unser Tip

Karate-Do
Das Handbuch des modernen Karate
(4028) Von Albrecht Pflüger,
360 Seiten, 1159 Abbildungen,
Pappband, **DM 39,–,** S 319.–

Kung Fu
Theorie und Praxis klassischer und moderner Stile
(0376) Von Manfred Pabst, 160 Seiten,
330 Abbildungen, kartoniert,
DM 12,80, S 99.–

Kickboxen
Fitneßtraining und Wettkampfsport
(0795) Von Geert Lemmens, 96 Seiten,
208 s/w-Fotos, 23 Zeichnungen,
kartoniert, **DM 16,80,** S 139.–

Taekwon-Do
Koreanischer Kampfsport
(0347) Von Konstantin Gil, 152 Seiten,
408 Abbildungen, kartoniert,
DM 12,80, S 99.–

Leistungsfähiger durch
Krafttraining
Eine Anleitung für Fitneß-Sportler,
Trainer und Athleten
(0617) Von Werner Kieser, 100 Seiten,
62 Zeichnungen, 20 s/w-Fotos,
kartoniert, **DM 9,80,** S 79.–

Shuriken · Tonfa · Sai
Stockfechten u. a. bewaffnete
Kampfsportarten aus Fernost
(0397) Von Andreas Schulz, 96 Seiten,
253 s/w-Fotos, kartoniert, **DM 12,80,**
S 99.–

Karate Kata 1
Heian 1–5, Tekki, Bassai-Dai
(0683) Von Wolf-Dieter Wichmann,
164 Seiten, 703 s/w-Fotos, kartoniert,
DM 19,80, S 159.–

Karate Kata 2
Jion, Empi, Kanku-Dai, Hangetsu
(0723) Von Wolf-Dieter Wichmann,
140 Seiten, 661 s/w-Fotos,
4 Zeichnungen, kartoniert, **DM 19,80,**
S 159.–

Bruce Lees Jeet Kune Do
(0440) Von Bruce Lee, 192 Seiten,
105 eigenhänd. Zeichnungen von
Bruce Lee, kartoniert, **DM 19,80,**
S 159.–

Falls durch besondere Umstände Preisänderungen notwendig werden, erfolgt Auftragserledigung zu dem bei der Lieferung gültigen Preis.

FALKEN VERLAG

Stand Sommer 1986

Gesamt-Programm

Essen und Trinken

Köstliche Suppen
für jede Tages- und Jahreszeit. (5122) Von E. Fuhrmann, 64 S., 38 Farbfotos, 2 Zeichnungen, Pappband.
DM 14,80/S 119.–

Kochen, was allen schmeckt
1700 Koch- und Backrezepte für jede Gelegenheit. (4098) Von A. und G. Eckert, 796 S., 60 Farbtafeln, Pappband. **DM 29,80**/S 239.–

Falken-Handbuch
Kochen nach allen Regeln der Kunst
Das moderne Grundkochbuch mit über 1000 Farbbildern. (4143) Von M. Gutta, 624 S., über 1000 farbige Abb., gebunden. **DM 78,–**/S 598.–

Brunos beste Rezepte
– rund ums Jahr (4154) Von B. Henrich, 136 S., 15 Farbfotos, kart.
DM 14,80/S 119.–

Was koche ich heute?
Neue Rezepte für Fix-Gerichte. (0608) Von A. Badelt-Vogt, 112 S., 16 Farbtafeln, kart. **DM 9,80**/S 79.–

Kochen für 1 Person
Rationell wirtschaften, abwechslungsreich und schmackhaft zubereiten. (0586) Von M. Nicolin, 136 S., 8 Farbtafeln, 23 Zeichnungen, kart.
DM 9,80/S 79.–

Gesunde Kost aus dem Römertopf
(0442) Von J. Kramer, 128 S., 8 Farbtafeln, 13 Zeichnungen, kart.
DM 8,80/S 74.–

Nudelgerichte
– lecker, locker, leicht zu kochen. (0466) Von C. Stephan, 80 S., 8 Farbtafeln, kart.
DM 7,80/S 69.–

Lieblingsrezepte
Phantasievoll zubereitet und originell dekoriert. (4234) Hrsg. P. Diller. 160 S., 120 Farbfotos, 34 Zeichnungen, Pappband. **DM 24,80**/S 198,–

Was Männer gerne essen
Leibgerichte
(2216) Von C. Arius, 80 S., 55 Farbabb., Pappband. **DM 9,80**/S 85,–

Omas Küche und unsere Küche heute
(4089) Von J. P. Lemcke, 160 S., 8 Farbtafeln, 95 Zeichnungen, Pappband.
DM 24,80/S 198.–

Die besten Eintöpfe und Aufläufe
Das Beste aus den Kochtöpfen der Welt (5079) Von A. und G. Eckert, 64 S., 50 Farbfotos, Pappband.
DM 14,80/S 119.–

Schnell und gut gekocht
Die tollsten Rezepte für den Schnellkochtopf. (0265) Von J. Ley, 96 S., 8 Farbtafeln, kart. **DM 7,80**/S 69.–

Kochen und backen im Heißluftherd
Vorteile, Gebrauchsanleitung, Rezepte. (0516) Von K. Kölner, 72 S., 8 Farbtafeln, kart. **DM 7,80**/S 69.–

Das neue Mikrowellen-Kochbuch
(0434) Von H. Neu, 64 S., 4 Farbtafeln, 16 s/w Zeichnungen, kart.
DM 6,80/S 59.–

Ganz und gar mit Mikrowellen
(4094) Von T. Peters, 208 S., 24 Farbfotos, 12 Zeichnungen, kart.
DM 29,80/ S 239.–

Haltbar machen durch
Trocknen und Dörren
Obst, Gemüse, Pilze, Kräuter (0696) Von M. Bustorf-Hirsch, 32 S., 42 Farbfotos, Spiralbindung.
DM 7,80/ S 69,–

Marmeladen, Gelees und Konfitüre
Köstlich wie zu Omas Zeiten – einfach selbstgemacht. (0720) Von M. Gutta, 32 S., 23 Farbfotos, 1 Zeichnung, Pappband. **DM 7,80**/S 69,–

Einkochen
nach allen Regeln der Kunst. (0405) Von B. Müller, 128 S., 8 Farbtafeln, kart.
DM 9,80/S 79.–

Einkochen, Einlegen, Einfrieren
Gesund, herzhaft. (4055) Von B. Müller, 27 s/w.-Abb., kart. **DM 14,80**/S 119.–

Das neue Fritieren
geruchlos, schmackhaft und gesund. (0365) Von P. Kühne, 96 S., 8 Farbtafeln, kart. **DM 7,80**/S 69.–

Weltmeister-Soßen
Die Krönung der feinen Küche. (0357) Von G. Cavestri, 96 S., 4 Farbtafeln, 80 Zeichnungen, kart. **DM 9,80**/S 79.–

Wildgerichte
einfach bis raffiniert. (5115) Von M. Gutta, 64 S., 43 Farbfotos, Pappband.
DM 14,80/S 119.–

Geflügel
Die besten Rezepte aus aller Welt. (5050) Von M. Gutta, 64 S., 32 Farbfotos, Pappband. **DM 14,80**/S 119.–

Mehr Freude und Erfolg beim **Grillen**
(4141) Von A. Berliner, 160 S., 147 Farbfotos, 10 farbige Zeichnungen, Pappband. **DM 24,80**/S 198.–

Grillen
Fleisch · Fisch · Beilagen · Soßen. (5001) Von E. Fuhrmann, 64 S., 38 Farbfotos, Pappband. **DM 14,80**/S 119.–

Chinesisch kochen
Schmackhafte Rezepte für die abwechslungsreiche Küche. (5011) Von A. und G. Eckert, 64 S., 57 Farbfotos, Pappband.
DM 14,80/S 119.–

Chinesisch kochen
mit dem Wok-Topf und dem Mongolen-Topf. (0557) Von C. Korn, 64 S., 8 Farbtafeln, kart. **DM 7,80**/S 69.–

Schlemmerreise durch die
Chinesische Küche
(4184) Von Kuo Huey Jen, 160 S., 117 Farbfotos, Pappband.
DM 24,80/S 198,–

Ostasiatische Küche
schmackhaft, bekömmlich und vielseitig. (5066) Von T. Sozuki, 64 S., 39 Farbfotos, Pappband. **DM 14,80**/S 119.–

Nordische Küche
Speisen und Getränke von der Küste. (5082) Von J. Kürtz, 64 S., 44 Farbfotos, Pappband. **DM 14,80**/S 119.–

Deutsche Küche
Schmackhafte Gerichte von der Nordsee bis zu den Alpen. (5025) Von E. Fuhrmann, 64 S., 52 Farbfotos, Pappband.
DM 14,80/S 119.–

Französisch kochen
Eine kulinarische Reise durch Frankreich. (5016) Von M. Gutta, 64 S., 35 Farbfotos, Pappband. **DM 14,80**/S 114.–

Französische Küche
(0685) Von M. Gutta, 96 S., 16 Farbtafeln, kart. **DM 8,80**/S 74.–

Französische Spezialitäten aus dem Backofen
Herzhafte Tartes und Quiches mit Fleisch, Fisch, Gemüse und Käse (5146) Von P. Klein, 64 S., 43 Farbfotos, Pappband. **DM 16,80**/139,–

Kochen und würzen mit **Knoblauch**
(0725) Von A. und G. Eckert, 96 S., 8 Farbtafeln, kart. **DM 7,80**/S 69,–

Schlemmerreise durch die
Italienische Küche
(4172) Von V. Pifferi. 160 S., 109 Farbfotos, Pappband. **DM 24,80**/S 198,–

Italienische Küche
Ein kulinarischer Streifzug mit regionalen Spezialitäten. (5026) Von M. Gutta, 64 S., 35 Farbfotos, Pappband.
DM 14,80/S 119.–

Portugiesische Küche und Weine
Kulinarische Reise durch Portugal. (0607) Von E. Kasten, 96 S., 16 Farbtafeln, kart. **DM 9,80**/S 79.–

Köstliche Pizzas, Toasts, Pasteten
Schmackhafte Gerichte schnell zubereitet. (5081) Von A. und G. Eckert, 64 S., 46 Farbfotos, Pappband.
DM 14,80/S 119.–

Köstliche Pilzgerichte
Rezepte für die meistvorkommenden Speisepilze. (5133) Von V. Spicker-Noack, M. Knoop, 64 S., 52 Farbfotos, Pappband. **DM 14,80**/S 119.–

Am Tisch zubereitet
Fondues, Raclettes, Flambieren. (4152) Von I. Otto, 208 S., 12 Farbtafeln, 17 s/w-Fotos, Pappband. **DM 24,80**/S 198.–

Köstliche Fondues
mit Fleisch, Geflügel, Fisch, Käse, Gemüse und Süßem. (5006) Von E. Fuhrmann, 64 S., 50 Farbfotos, Pappband.
DM 14,80/S 119.–

Fondues
und fritierte Leckerbissen. (0471) Von S. Stein, 96 S., 8 Farbtafeln, kart.
DM 6,80/S 59.–

Fondues · Raclettes · Flambiertes
(4081) Von R. Peiler und M.-L. Schult, 136 S., 15 Farbtafeln, 28 Zeichnungen, kart. **DM 14,80**/S 119.–

Neue, raffinierte Rezepte mit dem Raclette-Grill
(0558) Von L. Helger, 56 S., 8 Farbtafeln, kart. **DM 7,80**/S 69.–

Rezepte rund um Raclette und Hobby-Rechaud
(0420) Von J. W. Hochscheid, 72 S., 8 Farbtafeln, kart. **DM 7,80**/S 69.–

Kochen und Würzen mit
Paprika
(0792) Von A. u. G. Eckert, 88 S., 8 Farbtafeln, kart. **DM 8,80**/S 74.–

Kleine Kalte Küche
für Alltag und Feste. (5097) Von A. und G. Eckert, 64 S., 45 Farbfotos, Pappband. **DM 12,80**/S 99.–

Kalte Platten – Kalte Büfetts
rustikal bis raffiniert. (5015) Von M. Gutta, 64 S., 34 Farbfotos, Pappband.
DM 14,80/S 119.–

Kalte Happen und Partysnacks
Canapés, Sandwiches, Pastetchen, Salate und Suppen. (5029) Von D. Peters. 64 S., 44 Farbfotos, Pappband.
DM 14,80/S 119.–

Garnieren und Verzieren
(4236) Von R. Biller, 160 S., 329 Farbfotos, 57 Zeichnungen, Pappband.
DM 24,80/S 198,–

Desserts
Puddings, Joghurts, Fruchtsalate, Eis, Gebäck, Getränke. (5020) Von M. Gutta, 64 S., 41 Farbfotos, Pappband.
DM 14,80/S 119.–

Süße Nachspeisen
(0601) Von P. Lohmann, 96 S., 8 Farbtafeln, 28 Zeichnungen, kart.
DM 8,80/S 74.–

Crêpes, Omeletts und Soufflés
Pikante und süße Spezialitäten. (5131) Von J. Rosenkranz, 64 S., 45 Farbfotos, Pappband. **DM 14,80**/S 119.–

Backen
(4113) Von M. Gutta, 240 S., 123 Farbfotos, Pappband. **DM 48,–**/S 398.–

Kuchen und Torten
Die besten und beliebtesten Rezepte. (5067) Von M. Sauerborn, 64 S., 79 Farbfotos, Pappband.
DM 14,80/S 119.–

Schönes Hobby Backen
Erprobte Rezepte mit modernen Backformen. (0451) Von E. Blome, 96 S., 8 Farbtafeln, kart. **DM 7,80**/S 69.–

Backen, was allen schmeckt
Kuchen, Torten, Gebäck und Brot. (4166) Von E. Blome, 556 S., 40 Farbtafeln, Pappband. **DM 24,80**/S 198,–

Meine Vollkornbackstube
Brot · Kuchen · Aufläufe. (0616) Von R. Raffelt, 96 S., 4 Farbtafeln, 12 Zeichnungen, kart. **DM 6,80**/S 59.–

Biologisch Backen
Neue Rezeptideen für Kuchen, Brote, Kleingebäck aus vollem Korn. (4174) Von M. Bustorf-Hirsch, 136 S., 15 Farbtafeln, 47 Zeichnungen, kart. **DM 14,80**/S 119,–

Selbst Brotbacken
Über 50 erprobte Rezepte. (0370) Von J. Schiermann, 80 S., 6 Zeichnungen, 4 Farbtafeln, kart. **DM 6,80**/S 59.–

Mehr Freude und Erfolg beim
Brotbacken
(4148) Von A. und G. Eckert, 160 S., 177 Farbfotos, Pappband.
DM 24,80/S 198,–

Brotspezialitäten
knusprig backen – herzhaft kochen. (5088) Von J. W. Hochscheid und L. Helger, 64 S., 48 Farbfotos, Pappband.
DM 14,80/S 119.–

Weihnachtsbäckerei
Köstliche Plätzchen, Stollen, Honigkuchen und Festtagstorten. (0682) Von M. Sauerborn, 32 S., 36 Farbfotos, Pappband. **DM 7,80**/S 69.–

Waffeln
süß und pikant. (0522) Von C. Stephan, 64 S., 8 Farbtafeln, kart.
DM 6,80/S 59.–

Kochen für Diabetiker
Gesund und schmackhaft für die ganze Familie. (4132) Von M. Toeller, W. Schumacher, A. C. Groote, 224 S., 109 Farbfotos, 94 Zeichnungen, Pappband. **DM 29,80**/S 239.–

Neue Rezepte für Diabetiker-Diät
Vollwertig – abwechslungsreich – kalorienarm. (0418) Von M. Oehlrich, 120 S., 8 Farbtafeln, kart. **DM 9,80**/S 79.–

Schlemmertips für Figurbewußte
(0680) Von V. Kahn, 64 S., 8 Farbtafeln, kart. **DM 9,80**/S 79.–

Wer schlank ist, lebt gesünder
Tips und Rezepte zum Schlankwerden und -bleiben. (0562) Von R. Mainer, 80 S., 8 Farbtafeln, kart.
DM 8,80/S 74.–

Kalorien – Joule
Eiweiß · Fett · Kohlenhydrate tabellarisch nach gebräuchlichen Mengen. (0374) Von M. Bormio, 88 S., kart.,
DM 6.80/59.–

Alles mit Joghurt
tagfrisch selbstgemacht. Mit vielen Rezepten. (0382) Von G. Volz, 88 S., 8 Farbtafeln, kart., **DM 7,80**/S 69.–

Die Brot-Diät
Ein Schlankheitsplan ohne Extreme. (0452) Von Prof. Dr. E. Menden und W. Aign, 92 S., 8 Farbtafeln, kart.,
DM 7,80/S 69.–

Gesund leben – schlank werden mit der
Bio-Kur
(0657) Von S. Winter. 144 S., 4 Farbtafeln, kart. **DM 9,80**/S 79,–

Miekes Kräuter- und Gewürzkochbuch
(0323) Von I. Persy und K. Mieke, 96 S., 8 Farbtafeln, kart. **DM 8,80**/S 74,–

Salate
(4119) Von C. Schönherr, 240 S., 115 Farbfotos, gebunden. **DM 48,–**/S 389.–

Delikate Salate
für alle Gelegenheiten rund um's Jahr. (5002) Von E. Fuhrmann, 64 S., 50 Farbfotos, Pappband. **DM 14,80**/S 119.–

Das köstliche knackige Schlemmervergnügen.
Salate
(4165) Von V. Müller. 160 S., 80 Farbfotos, Pappband. **DM 24,80**/S 198,–

111 köstliche Salate
Erprobte Rezepte mit Pfiff. (0222) Von C. Schönherr, 96 S., 8 Farbtafeln, 30 Zeichnungen, kart. **DM 8,80**/S 74.–

Rohkost
Schmackhafte Gerichte für die gesunde Ernährung. (5044) Von I. Gabriel, 64 S., 53 Farbfotos, Pappband.
DM 14.80/S 119.–

Joghurt, Quark, Käse und Butter
Schmackhaftes aus Milch hausgemacht. (0739) Von M. Bustorf-Hirsch. 32 S., 59 Farbabb., Pappband. **DM 7,80**/S 69,–

Die abwechslungsreiche Vollwertküche
Vitaminreich und naturbelassen kochen und backen. (4229) Von M. Bustorf-Hirsch, K. Siegel, 280 S., 31 Farbtafeln, 78 Zeichnungen, Pappband.
DM 36,–/ S 319,–

Alternativ essen
Die gesunde Sojaküche. (0553) Von U. Kolster, 112 S., 8 Farbtafeln, kart.
DM 9,80/S 79,–

Das Reformhaus-Kochbuch
Gesunde Ernährung mit hochwertigen Naturprodukten. (4180) Von A. u. G. Eckert, 160 S. 15 Farbtafeln, Pappband.
DM 24,80/S 198,–

Gesund kochen mit Keimen und Sprosen
(0794) Von M. Bustdorf-Hirsch, 104 S., 8 Farbtafeln, 13 s/w-Zeichnungen, kart.
DM 8,80/S 74,–

Die feine Vegetarische Küche
(4235) Von F. Faist, 160 S., 191 Farbfotos, Pappband. **DM 24,80**/S 198.–

Biologische Ernährung
für eine natürliche und gesunde Lebensweise. (4125) Von G. Leibold, 136 S., 15 Farbtafeln, 47 Zeichnungen, kart.
DM 14,80/S 119.–

Gesunde Ernährung für mein Kind
(0776) Von M. Bustdorf-Hirsch, 96 S., 8 Farbtafeln, 5s/w Zeichnungen, kart.
DM 9,80/S 79,–

Vitaminreich und naturbelassen
Biologisch Kochen
(4162) Von M. Bustdorf-Hirsch und K. Siegel, 144 S., 15 Farbtafeln, 31 Zeichnungen, kart., **DM 14,80**/S 119.–

Gesund kochen
wasserarm · fettfrei · aromatisch. (4060) Von M. Gutta, 240 S., 16 Farbtafeln, Pappband. **DM 29,80**/S 239,–

Kräuter- und Heilpflanzen-Kochbuch
für eine gesunde Lebensweise. (4066) Von P. Pervenche, 143 S., 15 Farbtafeln, kart. **DM 14,80**/S 119,–

Pralinen und Konfekt
Kleine Köstlichkeiten selbstgemacht. (0731) Von H. Engelke, 32 S., 57 Farbfotos, Pappband. **DM 7,80**/S 69,–

Köstlichkeiten für Gäste und Feste
Kalte Platten
(4200) Von I. Pfliegner, 160 S., 130 Farbfotos, Pappband. **DM 24,80**/S 198,–

Kochen für Gäste
Köstliche Menüs mit Liebe zubereitet. (5149) Von R. Wesseler, 64 S., 40 Farbfotos, Pappband. **DM 14,80**/S 119,–

FALKEN VERLAG

Die Preise entsprechen dem Status beim Druck dieses

Das richtige Frühstück
Gesunde Vollwertkost vitaminreich und naturbelassen.
(0784) Von C. Kratzel und R. Böll, 32 S., 28 Farbfotos, Pappband. **DM 7,80**/S 69.–

Bocuse à la carte
Französisch kochen mit dem Meister.
(4237) Von P. Bocuse, 88 S., 218 Farbfotos, Pappband. **DM 19,80**/S 159,–
Auch als Video-Kassette erhältlich

Kochschule mit Paul Bocuse
(6016/VHS, 6017/Video-2000, 6018 Beta), 60 Min. in Farbe
DM 69,–/S 619,–
(unverb. Preisempfehlung)

Natursammlers Kochbuch
Wildfrüchte und Gemüse, Pilze, Kräuter – finden und zubereiten. (4040) Von C. M. Kerler, 140 S., 12 Farbtafeln, kart.
DM 19,80/S 159,–

Neue Cocktails und Drinks
mit und ohne Alkohol. (0517) Von S. Späth, 128 S., 4 Farbtafeln, kart.,
DM 9,80/S 79.–

Mixgetränke
mit und ohne Alkohol (5017) Von C. Arius, 64 S., 35 Farbfotos, Pappband.
DM 14.80/S 119.–

Cocktails und Mixereien
für häusliche Feste und Feiern. (0075) Von J. Walker, 96 S., 4 Farbtafeln, kart.
DM 6,80/S 59.–

Die besten Punsche, Grogs und Bowlen
(0575) Von F. Dingden, 64 S., 2 Farbtafeln, kart. **DM 6,80**/S 59.–

Weine und Säfte, Liköre und Sekt
selbstgemacht. (0702) Von P. Arauner, 232 S., 76 Abb., kart. **DM 16,80**/S 139,–

Mitbringsel aus meiner Küche
selbst gemacht und liebevoll verpackt. (0668) Von C. Schönherr, 32 S., 30 Farbfotos, Pappband. **DM 7,80**/S 69,–

Weinlexikon
Wissenswertes über die Weine der Welt. (4149) Von U. Keller, 228 S., 6 Farbtafeln, 395 s/w-Fotos, Pappband.
DM 29,80/S 239.–

Köstliches Lebenselixier **Wein**
(2204) Von H. Steffan, 80 S., 74 Farbfotos u. Zeichnungen, Pappband.
DM 9,80/S 85.–

Von der Romantik der blauen Stunde
Cocktails und Drinks
(2209) Von S. Späth, 80 S., 25 Farbfotos und Zeichnungen, Pappband.
DM 9,80/S 85,–

Vom Genuß des braunen Goldes **Kaffee**
(2213) Von H. Strutzmann, 80 S., 49 Fotos, Pappband. **DM 9,80**/S 85,–

Heißgeliebter Tee
Sorten, Rezepte und Geschichten. (4114) Von C. Maronde, 153 S., 16 Farbtafeln, 93 Zeichnungen, gebunden.
DM 26,80/S 218.–

Tee für Genießer.
Sorten · Riten · Rezepte. (0356) Von M. Nicolin, 64 S., 4 Farbtafeln, kart.
DM 5,80/S 49.–

Tee
Herkunft · Mischungen · Rezepte. (0515) Von S. Ruske, 96 S., 4 Farbtafeln, 16 s/w Abbildungen, Pappband.
DM 9,80/S 79.–

Vom höchsten Genuß des Teetrinkens
(2201) Von I. Ubenauf, 80 S., 57 Farbfotos u. Zeichnungen, Pappband.
DM 9,80/S 85.–

Kinder lernen spielend backen
(5110) Von M. Gutta, 64 S., 45 Farbfotos, Pappband. **DM 14,80**/S 119,–

Kinder lernen spielend kochen
Lieblingsgerichte mit viel Spaß selbst zubereitet. (5096) Von M. Gutta, 64 S., 45 Farbfotos, Pappband,
DM 14,80/S 119,–

Hobby

Aquarellmalerei
als Kunst und Hobby.
(4147) Von H. Haack und B. Wersche, 136 S., 62 Farbfotos, 119 Zeichnungen, gebunden **DM 39,–**/S 319,–

Aquarellmalerei
Materialien · Techniken · Motive.
(5099) Von Th. Hinz, 64 S., 79 Farbfotos, Pappband. **DM 14,80**/S 119,–

Aquarellmalerei leicht gelernt
Materialien · Techniken · Motive.
(0787) Von T. Hinz, R. Braun, B. Zeidler, 32 S., 38 Farbfotos, 1 Zeichnung,
DM 7,80/S 69.–

Origami
Die Kunst des Papierfaltens. (0280) Von R. Harbin, 160 S., 633 Zeichnungen, kart. **DM 9,80**/S 79,–

Hobby Origami
Papierfalten für groß und klein.
(0756) Von Z. Aytüre-Scheele, 88 S., über 800 Farbfotos, kart.
DM 19,80/S 159,–

Neue zauberhafte Origami-Ideen
Papierfalten für groß und klein.
(0805) Von Z. Aytüre-Scheele, 80 S., 720 Farbfotos, kart. **DM 19,80**/S 159.–

Weihnachtsbasteleien
(0667) Von M. Kühnle und S. Beck, 32 S., 56 Farbfotos, 6 Zeichnungen, Pappband.
DM 7,80/S 69,–

Falken-Handbuch
Zeichnen und Malen
(4167) Von B. Bagnall, 336 S., 1154 Farbabb., Pappband. **DM 68,–**/S 549,–

Naive Malerei
Materialien · Motive · Techniken
(5083) Von F. Krettek, 64 S., 76 Farbfotos, Pappband. **DM 14,80**/S 119,–

Bauernmalerei
als Kunst und Hobby. (4057) Von A. Gast und H. Stegmüller, 128 S., 239 Farbfotos, 26 Riß-Zeichnungen, Pappband.
DM 39,–/S 319,–

Hobby Bauernmalerei
(0436) Von S. Ramos und J. Roszak, 80 S., 116 Farbfotos und 28 Motivvorlagen, kart. **DM 19,80**/S 159,–

Bauernmalerei
Kreatives Hobby nach alter Volkskunst (5039) Von S. Ramos, 64 S., 85 Farbfotos, Pappband. **DM 14,80**/S 119,–

Glasmalerei
als Kunst und Hobby. (4088) Von F. Krettek und S. Beeh-Lustenberger, 132 S., 182 Farbfotos, 38 Motivvorlagen, Pappband. **DM 39,–**/S 319,–

Naive Hinterglasmalerei
Materialien · Techniken · Bildvorlagen (5145) Von F. Krettek, 64 S., 87 Farbfotos, 6 Zeichnungen, Pappband.
DM 16,80/S 139,–

Glasritzen
Materialien · Formen · Motive. (5109) Von G. Mégroz, 64 S., 110 Farbfotos, 15 Zeichnungen, Pappband.
DM 14,80/S 119,–

Kunstvolle Seidenmalerei
Mit zauberhaften Ideen zum Nachgestalten. (0783) Von I. Demharter, 32 S., 56 Farbfotos, Pappband.
DM 7,80/S 74,–

Zauberhafte Seidenmalerei
Materialien · Techniken · Gestaltungsvorschläge. (0664) Von E. Dorn, 32 S., 62 Farbfotos, Pappband.
DM 7,80/S 69,–

Hobby Seidenmalerei
(0611) Von R. Henge, 88 S., 106 Farbfotos, 28 Zeichnungen, kart.
DM 19,80/S 159,–

Hobby Stoffdruck und Stoffmalerei
(0555) Von A. Ursin, 80 S., 68 Farbfotos, 68 Zeichnungen, kart.
DM 19,80/S 159,–

Stoffmalerei und Stoffdruck
Materialien · Techniken · Ideen · Modelle (5074) Von H. Gehring, 64 S., 110 Farbfotos, Pappband. **DM 14,80**/S 119,–

Batik
leicht gemacht. Materialien · Färbetechniken · Gestaltungsideen. (5112) Von A. Gast, 64 S., 105 Farbfotos, Pappband.
DM 14,80/S 119,–

Textilfärben
Färben so einfach wie Waschen. (0693) Von W. Siegrist, P. Schärli, 32 S., 47 Farbfotos, 3 Zeichnungen, Spiralbindung.
DM 7,80/S 69,–

Schöne Geschenke selbermachen
(4128) Von M. Kühnle, 128 S., 278 Farbfotos, 85 farbige Zeichnungen, gebunden. **DM 39,–**/S 319,–

Flechten
mit Bast, Stroh und Peddigrohr. (5098) Von H. Hangleiter, 64 S., 47 Farbfotos, 76 Zeichnungen, Pappband.
DM 14,80/S 119,–

Makramee
Knüpfarbeiten leicht gemacht. (5075) Von B. Pröttel, 64 S., 95 Farbfotos, Pappband. **DM 12,80**/S 99,–

Häkeln und Makramee
Techniken · Geräte · Arbeitsmuster. (0320) Von M. Stradal, 104 S., 191 Abb. und Schemata, kart. **DM 6,80**/S 59,–

Falken-Handbuch
Häkeln
ABC der Häkeltechniken und Häkelmuster in ausführlichen Schritt-für-Schritt-Bildfolgen.
(4194) Von H. Fuchs, M. Natter, 288 S., 597 Farbfotos, 476 farbige Zeichnungen.
DM 39,–/S 319,–

Häkeln
Schritt für Schritt für Rechts- und Linkshänder. (5134) Von H. Klaus, 64 S., 120 Farbfotos, 144 Zeichnungen, Pappband. **DM 14,80**/S 119,–

Klöppeln
Schritt für Schritt leicht gelernt. (0788) Von U. Seiffer, 32 S., 42 Farb-, 1 s/w-Foto, 25 Zeichnungen, mit Klöppelbriefen, Pappband. **DM 9,80**/S 79,–

Sticken
Schritt für Schritt für Rechts- und Linkshänder. (5135) Von U. Werner, 64 S., 196 Farbfotos, 96 Zeichnungen, Pappband. **DM 14,80**/S 119,–

Monogrammstickerei
Mit Vorlagen für Initialen, Vignetten und Ornamente. (5148) Von H. Fuchs, 64 S., 50 Farbfotos, 50 Zeichnungen, Pappband. **DM 14,80**/S 119,–

Falken-Handbuch **Stricken**
ABC der Stricktechniken und Strickmuster in ausführlichen Schritt-für-Schritt-Bildfolgen. (4137) Von M. Natter, 312 S., 106 Farb- und 922 s/w-Fotos, 318 Zeichnungen, Pappband.
DM 36,–/S 298,–

Bestrickend schöne Ideen
Pullover, Westen, Ensembles, Jacken
(4178) Von R. Weber, 208 S., 220 Farbfotos, 358 Zeichnungen, Pappband.
DM 29,80/S 239,–

Chic in Strick
Neue Pullover
Westen · Jacken · Kleider · Ensembles. (4224) Hrsg. R. Weber, 192 S., 255 Farbabb., Pappband. **DM 29,80**/S 239,–

Videokassette Stricken
(6007/VHS, 6008/Video 2000, 6009/Beta). Von P. Krolikowski-Habicht, H. Jaacks, 51 Min., in Farbe.
DM 49,80/S 448,–
(unverbindl. Preisempf.)

Stricken
Schritt für Schritt für Rechts- und Linkshänder. (5142) Von S. Oelwein-Schefczik, 64 S., 148 Farbfotos, 173 Zeichnungen, Pappband. **DM 14,80**/S 119,–

Kuscheltiere stricken und häkeln
Arbeitsanleitungen und Modelle. (0734) Von B. Wehrle, 32 S., 60 Farbfotos, 28 Zeichnungen, Spiralbindung.
DM 7,80/S 69,–

Hobby Patchwork und Quilten
(0768) Von B. Staub-Wachsmuth, 80 S., 108 Farbabb., 43 Zeichnungen, kart.
DM 19,80/S 159,–

Textiles Gestalten
Weben, Knüpfen, Batiken, Sticken, Objekte und Strukturen. (5123) Von J. Fricke, 136 S., 67 Farb- und 189 s/w-Fotos, 15 Zeichnungen, kart.
DM 16,80/S 139,–

Gestalten mit Glasperlen
fädeln · sticken · weben (0640) Von A. Köhler, 32 S., 55 Farbfotos, Spiralbindung. **DM 6,80**/S 59,–

Neue zauberhafte Salzteig-Ideen
(0719) Von I. Kiskalt, 80. S., 320 Farbfotos, 12 Zeichnungen, kart.
DM 19,80/S 159,–

Hobby Salzteig
(0662) Von I. Kiskalt, 80 S., 150 Farbfotos, 5 Zeichnungen, Schablonen, kart.
DM 19,80/S 159,–

Gestalten mit Salzteig
formen · bemalen · lackieren. (0613) Von W.-U. Cropp, 32 S., 56 Farbfotos, 17 Zeichnungn, Pappband.
DM 7,80/S 69,–

Buntbemalte Kunstwerke aus Salzteig
Figuren, Landschaften und Wandbilder. (5141) Von G. Belli, 64 S., 165 Farbfotos, 1 Zeichnung, Pappband.
DM 14,80/S 119,–

Kreatives Gestalten mit Salzteig
Originelle Motive für Fortgeschrittene. (0769) Hrsg. I. Kiskalt, 80 S., 168 Farbfotos, kart. **DM 19,80**/S 159,–

Videokassette Salzteig
(6010/VHS, 6011/Video 2000, (6012/Beta) Von I. Kiskalt, Dr. A. Teuchert, in Farbe, ca. 35 Min. **DM 68,–**/ S 612,–
(Unverb. Preisempfehlung)

Tiffany-Spiegel selbermachen
Materialien · Arbeitsanleitung · Vorlagen. (0761) Von R. Thomas, 32 S., 53 Farbfotos, Pappband. **DM 7,80**/S 69,–

Tiffany-Lampen selbermachen
Arbeitsanleitung · Materialien · Modelle. (0684) Von I. Spliethoff, 32 S., 60 Farbfotos, Pappband. **DM 7,80**/S 69,–

Hobby Glaskunst in Tiffany-Technik
(0781) Von N. Köppel, 80 S., 194 Farbfotos, 6 s/w-Abb., kart.,
DM 19,80/S 159,–

Kerzen und Wachsbilder
gießen · modellieren · bemalen. (5108) Von Ch. Riess, 64 S., 110 Farbfotos, Pappband. **DM 14,80**/S 119,–

Hobby Holzschnitzen
Von der Astholzfigur zur Vollplastik. (5101) Von H.-D. Wilden, 112 S., 16 Farbtafeln, 135 s/w-Fotos, kart.
DM 16,80/S 139,–

Bastelspaß mit der Laubsäge
Mit Schnittmusterbogen für viele Modelle in Originalgröße. (0741) Von L. Giesche, M. Bausch, 32 S., 61 Farbfotos, 7 Zeichnungen, Schnittmusterbogen, Pappband.
DM 9,80/S 79,–

Falken-Heimwerker-Praxis
Tapezieren
(0743) Von W. Nitschke, 112 S., 186 Farbfotos, 9 Zeichnungen, kart.
DM 19,80/S 159,–

Falken-Heimwerker-Praxis
Anstreichen und Lackieren
(0771) Von P. Müller, 120 S., 186 Farbfotos, 2 s/w Fotos, 3 Zeichnungen, kart.
DM 19,80/S 159,–

Falken-Heimwerker-Praxis
Fahrrad-Reparaturen
(0796) Von R. van der Plas, 112 S., 140 Farbfotos, 113 farbige Zeichnungen, kart. **DM 19,80**/S 159,–

Falken-Handbuch **Heimwerken**
Reparieren und selbermachen in Haus und Wohnung – über 1100 Farbfotos. Sonderteil: Praktisches Energiesparen. (4117) Von Th. Pochert, 440 S., 1103 Farbfotos, 100 ein- und zweifarbige Abb., Pappband. **DM 49,–**/S 398,–

Restaurieren von Möbeln
Stilkunde, Materialien, Techniken, Arbeitsanleitungen in Bildfolgen. (4120) Von E. Schnaus-Lorey, 152 S., 37 Farbfotos, 75 s/w Fotos, 352 Zeichnungen, Pappband. **DM 39,–**/ S 319,–

Möbel aufarbeiten, reparieren und pflegen
(0386) Von E. Schnaus-Lorey, 96 S., 28 Fotos, 101 Zeichnungen, kart.,
DM 9,80/S 79,–

Vogelhäuschen, Nistkästen, Vogeltränken mit Plänen und Anleitungen zum Selbstbau. (0695) Von J. Zech, 32 S., 42 Farbfotos, 5 Zeichnungen, Pappband. **DM 7,80**/S 69,–

Papiermachen
ein neues Hobby. (5105) Von R. Weidenmüller, 64 S., 84 Farbfotos, 9 s/w-Fotos, 14 Zeichnungen, Pappband.
DM 16,80/S 139,–

Schmuck und Objekte aus Metall und Email
(5078) Von J. Fricke, 120 S., 183 Abb., kart. **DM 16,80**/S 139,–

Strohschmuck selbstgebastelt
Sterne, Figuren und andere Dekorationen (0740) Von E. Rombach, 32 S., 60 Farbfotos, 17 Zeichnungen, Pappband.
DM 7,80/S 69,–

Das Herbarium
Pflanzen sammeln, bestimmen und pressen. (5113) Von I. Gabriel, 96 S., 140 Farbfotos, Pappband.
DM 16,80/S 139,–

Gestalten mit Naturmaterialien
Zweige, Kerne, Federn, Muscheln und anderes. (5128) Von I. Krohn, 64 S., 101 Farbfotos, 11 farbige Zeichnungen, Pappband. **DM 14,80**/S 119,–

Dauergestecke
mit Zweigen, Trocken- und Schnittblumen. (5121) Von G. Vocke, 64 S., 57 Farbfotos, Pappband. **DM 14,80**/S 119,–

Ikebana
Einführung in die japanische Kunst des Blumensteckens. (0548) Von G. Vocke, 152 S., 47 Farbfotos, kart.
DM 19,80/S 159,–

Blumengestecke im Ikebanastil
(5041) Von G. Vocke, 64 S., 37 Farbfotos, viele Zeichnungen, Pappband.
DM 14,80/S 119,–

Hobby Trockenblumen
Gewürzsträuße, Gestecke, Kränze, Buketts. (0643) Von R. Strobel-Schulze, 88 S., 170 Farbfotos, kart.
DM 19,80/S 159,–

Hobby Gewürzsträuße
und zauberhafte Gebinde nach Salzburger Art. (0726) Von A. Ott, 80 S., 101 Farbfotos, 51 farbige Zeichnungen, kart. **DM 19,80**/S 159,–

FALKEN VERLAG

Die Preise entsprechen dem Status beim Druck dieses

Trockenblumen und Gewürzsträuße
(5084) Von G. Vocke, 64 S., 63 Farbfotos, Pappband. **DM 12,80**/S 99,–

Arbeiten mit Ton
Töpfern mit und ohne Scheibe.
(5048) Von J. Fricke, 128 S., 15 Farbtafeln, 166 s/w-Fotos, kart.
DM 14,80/S 119,–

Töpfern
als Kunst und Hobby. (4073) Von J. Fricke, 132 S., 37 Farbfotos, 222 s/w-Fotos, gebunden. **DM 39,–**/S 319,–

Schöne Sachen modellieren
Originelles aus Cernit – ideenreich gestaltet. (0762) Von G. Thelen, 32 S., 105 Farbfotos, Pappband.
DM 7,80/S 69,–

Modellieren
mit selbsthärtendem Material. (5085) Von K. Reinhardt, 64 S., 93 Farbfotos, Pappband. **DM 14,80**/S 119,–

Porzellanpuppen
Zauberhafte alte Puppen selbst nachbilden. (5138) Von C. A. und D. Stanton, 64 S., 58 Farbfotos, 22 Zeichnungen, Pappband. **DM 16,80**/S 139,–

Marionetten
entwerfen · gestalten · führen (5118) Von A. Krause und A. Bayer, 64 S., 83 Farbfotos, 2 s/w-Fotos, 40 Zeichnungen, Pappband. **DM 14,80**/S 119,–

Stoffpuppen
Liebenswerte Modelle selbermachen. (5150) Von I. Wolff, 56 S., 115 Farbfotos, 15 Zeichnungen, mit Schnittmusterbogen, Pappband. **DM 16,80**/S 139,–

Hobby Puppen
Bezaubernde Modelle selbst gestalten. (0742) Von B. Wenzelburger, 88 S., 163 Farbfotos, 41 Zeichnungen, 11 Schnittmuster, kart.
DM 19,80/S 159,–

Puppen und Figuren aus Kunstporzellan
gießen, bemalen und gestalten. (0735) Von G. Baumgarten, 32 S., 86 Farbfotos, Pappband. **DM 9,80**/ S 79,–

Die liebenswerte Welt der **Puppen**
(2212) Von U. D. Damrau, 80 S., 60 Farbfotos, Pappband. **DM 9,80**/S 85,–

Selbstgestrickte Puppen
Materialien und Arbeitsanleitungen. (0638) Von B. Wehrle, 32 S., 23 Farbfotos, 24 Zeichnungen, Pappband.
DM 9,80/S 79,–

Dekorative Rupfenpuppen
Arbeitsanleitungen und Gestaltungsvorschläge. (0733) Von B. Wenzelburger, 32 S., 57 Farbfotos, 14 Zeichnungen, Spiralbindung. **DM 7,80**/S 69,–

Schritt für Schritt zum Scherenschnitt
Materialien · Techniken · Gestaltungsvorschläge. (0732) Von H. Klingmüller, 32 S., 38 Farbfotos, 34 Vorlagen, Spiralbindung. **DM 7,80**/S 69,–

Garagentore selbst bemalt
Techniken und Motive. (0786) Von H. u. Y. Nadolny, 32 S., 24 Farbfotos, 12 s/w-Zeichnungen, Pappband.
DM 9,80/S 79,–

Freizeit

Aktfotografie
Interpretationen zu einem unerschöpflichen Thema.
Gestaltung · Technik · Spezialeffekte. (0737) Von H. Wedewardt, 88 S., 144 Farb- und 6 s/w-Fotos, 6 Zeichnungen, kart. **DM 19,80**/S 159,–

Videokassette Aktfotografie
Laufzeit ca. 60 Min. In Farbe.
VHS (6001), Video 2000 (6002), Beta (6003) **DM 98,–**/S 882,–
(unverb. Preisempfehlung)

So macht man bessere Fotos
Das meistverkaufte Fotobuch der Welt. (0614) Von M. L. Taylor, 192 S., 457 Farbfotos, 15 Abb., kart. **DM 14,80**/S 119,–

Falken-Handbuch
Dunkelkammerpraxis
Laboreinrichtung · Arbeitsabläufe · Fehlerkatalog. (4140) Von E. Pauli, 200 S., 54 Farbfotos, 239 s/w-Fotos, 171 Zeichnungen, Pappband.
DM 39,–/S 319,–

Falken-Handbuch **Trickfilmen**
Flach-, Sach- und Zeichentrickfilme – von der Idee zur Ausführung. (4131) Von H.-D. Wilden, 144 S., über 430 überwiegend farbige Abb., Pappband.
DM 39,–/S 319,–

Moderne Schmalfilmpraxis
Ausrüstungen · Drehbuch · Aufnahme Schnitt · Vertonung. (4043) Von U. Ney, 328 S., 29 Farbfotos, 177 s/w-Fotos, 57 Zeichnungen, gebunden.
DM 29,80/S 239,–

Schmalfilmen
Ausrüstung · Aufnahmepraxis · Schnitt Ton. (0342) Von U. Ney, 108 S., 4 Farbtafeln, 25 s/w-Fotos, kart.
DM 9,80/S 79,–

Schmalfilme selbst vertonen
(0593) Von U. Ney, 96 S., 57 s/w-Fotos, 14 Zeichnungen, kart. **DM 9,80**/S 79,–

Fotografie – Das Schöne als Ziel
Zur Ästhetik und Psychologie der visuellen Wahrnehmung. (4122) Von E. Stark, 208 S., 252 Farbfotos, 63 Zeichnungen, Ganzleinen. **DM 78,–**/S 624,–

Ferngelenkte Motorflugmodelle
bauen und fliegen. (0400) Von W. Thies, 184 S., mit Zeichnungen und Detailplänen, kart. **DM 16,80**/S 139,–

Modellflug-Lexikon
(0549) Von W. Thies, 280 S., 98 s/w-Fotos, 234 Zeichnungen, Pappband. **DM 36,–**/S 298,–

Flugmodelle
bauen und einfliegen. (0361) Von W. Thies und Willi Rolf, 160 S., 63 Abb., 7 Faltpläne, kart. **DM 12,80**/S 99,–

CB-Code
Wörterbuch und Technik. (0435) Von R. Kerler, 120 S.,5 s/w Fotos, 9 Zeichnungen, kart. **DM 9,80**/S 79,–

Kleine Welt auf Rädern
Das faszinierende Spiel mit **Modelleisenbahnen** (4175) Von F. Eisen, 256 S., 72 Farb- und 180 s/w-Fotos, 25 Zeichnungen, Pappband. **DM 29,80**/S 239,–

Modelleisenbahnen im Freien
Mit Volldampf durch den Garten. (4245) Von F. Eisen, 96 S., 115 Farb-, 4 s/w-Fotos, 5 Zeichnungen, Pappband.
DM 29,80/S 239,–

Raketen auf Rädern
Autos und Motorräder an der Schallgrenze. (4220) Von H. G. Isenberg, 96 S., 112 Farbfotos, 21 s/w-Fotos, Pappband.
DM 24,80/S 198,–

Die rasantesten Rallyes der Welt
(4213) Von H. G. Isenberg und D. Maxeiner, 96 S., 116 Farbfotos, Pappband. **DM 24,80**/S 198,–

Trucks
Giganten der Landstraßen in aller Welt. (4222) Von H. G. Isenberg, 96 S., 131 Farbfotos, Pappband.
DM 24,80/S 198,–

Ferngelenkte Elektromodelle
bauen und fliegen. (0700) Von W. Thies, 144 S., 52 s/w-Fotos, 50 Zeichnungen, kart. **DM 16,80**/139,–

Schiffsmodelle
selber bauen. (0500) Von D. und R. Lochner, 200 S., 93 Zeichnungen, 2 Faltpläne, kart. **DM 14,80**/S 119,–

Dampflokomotiven
(4204) Von W. Jopp, 96 S., 134 Farbfotos, Pappband. **DM 24,80**/S 198,–

Zivilflugzeuge
Vom Kleinflugzeug zum Überschall-Jet. (4218) Von R. J. Höhn und H. G. Isenberg, 96 S., 115 Farbfotos, Pappband. **DM 24,80**/S 198,–

Ferngelenkte Segelflugmodelle
bauen und fliegen. (0446) Von W. Thies, 176 S., 22 s/w-Fotos, 115 Zeichnungen, kart. **DM 14,80**/S 119,–

Die schnellsten Motorräder der Welt
(4206) Von H. G. Isenberg und D. Maxeiner, 96 S., 100 Farbfotos, Pappband. **DM 24,80**/S 198,–

Motorrad-Hits
Chopper, Tribikes, Heiße Öfen. (4221) Von H. G. Isenberg, 96 S., 119 Farbfotos, Pappband. **DM 24,80**/S 198,–

Die Super-Motorräder der Welt
(4193) Von H. G. Isenberg, 192 S., 170 Farb- und 100 s/w-Fotos, 8 Zeichnungen, Pappband. **DM 39,–**/S 319,–

Motorrad-Faszination
Heiße Öfen, von denen jeder träumt. (4223) Von H. G. Isenberg, 96 S., 103 Farb- und 20 s/w-Fotos, Pappband.
DM 24,80/S 198,–

Autos, die die Welt bewegten
Oldtimer
(2217) Von H. G. Isenberg, 80 S., 32 Farb- und 22 s/w-Fotos, Pappband.
DM 9,80/S 85,–

Münzen
Ein Brevier für Sammler. (0353) Von E. Dehnke, 128 S., 4 Farbtafeln, 17 s/w-Abb., kart. **DM 9,80**/S 79.–

Astronomie als Hobby
Sternbilder und Planeten erkennen und benennen. (0572) Von D. Block, 176 S., 16 Farbtafeln, 49 s/w-Fotos, 93 Zeichnungen, kart. **DM 14.80**/S 119.–

Der Bart
Die individuelle Note des Mannes. (2222) Von H. Strutzmann, 80 S., 58 Farbfotos, Pappband. **DM 9,80**/S 85,–

Gitarre spielen
Ein Grundkurs für den Selbstunterricht. (0534) Von A. Roßmann, 96 S., 1 Schallfolie, 150 Zeichnungen, kart. **DM 24,80**/S 198.–

Falken-Handbuch **Zaubern**
Über 400 verblüffende Tricks. (4063) Von F. Stutz, 368 S., 1200 Zeichnungen, Pappband. **DM 36,–**/S 298.–

Zaubern
einfach – aber verblüffend. (2018) Von D. Buoch, 84 S., 41 Zeichnungen, kart. **DM 6,80**/S 59.–

Zaubertricks
Das große Buch der Magie. (0282) Von J. Zmeck, 244 S., 113 Abb., kart. **DM 14,80**/S 119.–

Magische Zaubereien
(0672) Von W. Widenmann, 64 S., 31 Zeichnungen, kart. **DM 7,80**/S 69.–

Pfeife rauchen
Die hohe Kunst, Tabak zu genießen. (2203) Von W. Hufnagel, 80 S., 77 Farbfotos, 4 s/w-Fotos, 11 Zeichnungen, Pappband. **DM 9,80**/S 85.–

Mit vollem Genuß **Pfeife rauchen**
Alles über Tabaksorten, Pfeifen und Zubehör. (4227) Von H. Behrens, H. Frickert, 168 S., 127 Farbfotos, 18 Zeichnungen, Pappband. **DM 39,–**/S 319,–

Mineralien, Steine und Fossilien
Grundkenntnisse für Hobby-Sammler. (0437) Von D. Stobbe, 96 S., 16 Farbtafeln, 14 s/w-Fotos, 10 Zeichnungen, kart. **DM 9,80**/S 79.–

Vom verführerischen Feuer der **Edelsteine**
(2221) Von H. A. Mehler, R. Klotz, 80 S., 46 Farbfotos, Pappband. **DM 9,80**/S 85,–

Freizeit mit dem Mikroskop
(0291) Von M. Deckart, 132 S., 8 Farbtafeln, 64 s/w Abb., 2 Zeichnungen, kart. **DM 9,80**/S 79.–

Briefmarken
sammeln für Anfänger. (0481) Von D. Stein, 120 S., 4 Farbtafeln, 98 s/w-Abb., kart. **DM 9,80**/S 79.–

Wir lernen tanzen
Standard- und lateinamerikanische Tänze. (0200) Von E. Fern, 168 S., 118 s/w-Fotos, 47 Zeichnungen, kart. **DM 9,80**/S 79,–

Tanzstunde
Das Welttanzprogramm · Party-Tanzstunde. (5018) Von G. Hädrich, 172 S., 443 s/w-Fotos, 140 Zeichnungen, Pappband. **DM 19.80**/S 159,–

So tanzt man Rock'n'Roll
Grundschritte · Figuren · Akrobatik. (0573) Von W. Steuer und G. Marz, 224 S., 303 Abb., kart. **DM 16,80**/ S 139,–

Disco-Tänze
(0491) Von B. und F. Weber, 104 S., 104 Abb., kart. **DM 6,80**/S 59.–

Tanzen überall
Discofox, Rock'n'Roll, Blues, Langsamer Walzer, Cha-Cha-Cha zum Selberlernen. (0760) Von H. M. Pritzer, 112 S., 128 Farbfotos, kart. **DM 19,80**/S 159,–

Videokassette **Tanzen überall**
Discofox, Rock'n'Roll, Blues. (6004/VHS, 6005/Video 2000, 6006/Beta) Von H. M. Pritzer, G. Steinheimer, in Farbe, ca. 45 Min. **DM 98,–**/S 882,– (unverb. Preisempfehlung)

Wir wandern, wir wandern …
Romantisches Deutschland
(4168) Hrsg. H. Bücken, 160 S., durchgehend 4-farbig, über 350 Fotos, Pappband. **DM 29,80**/S 239,–

Unser schönes Deutschland neu gesehen
(4199) Hrsg. U. Moll, 208 S., 800 Farbfotos, Pappband. **DM 29,80**/S 239,–

Schwarzwald-Romantik
Vom Zauber einer deutschen Landschaft. (4232) Hrsg. A. Rolf, 184 S., 273 Farbfotos, Pappband. **DM 29,80**/S 239,–

Sport

Judo
Grundlagen des Stand- und Bodenkampfes. (4013) Von W. Hofmann, 244 S., 589 Fotos, Pappband. **DM 29,80**/S 239.–

Neue Lehrmethoden der Judo-Praxis
(0424) Von P. Herrmann, 223 S., 475 Abb., kart. **DM 16,80**/S 139.–

Judo
Grundlagen – Methodik. (0305) Von M. Ohgo, 208 S., 1025 Fotos, kart. **DM 14,80**/S 119.–

Wir machen Judo
(5069) Von R. Bonfranchi und U. Klocke, 92 S., mit Bewegungsabläufen in cartoonartigen zweifarbigen Zeichnungen, kart. **DM 12,80**/S 99.–

Fußwürfe
für Judo, Karate und Selbstverteidigung. (0439) Von H. Nishioka, 96 S., 260 Abb., kart. **DM 9,80**/S 79.–

Karate für alle
Karate-Selbstverteidigung in Bildern. (0314) Von A. Pflüger, 112 S., 356 s/w-Fotos, kart. **DM 9,80**/S 79.–

Karate für Frauen und Mädchen
Sport und Selbstverteidigung. (0425) Von A. Pflüger, 168 S., 259 s/w-Fotos, kart. **DM 12,80**/S 99.–

Nakayamas Karate perfekt 1
Einführung. (0487) Von M. Nakayama, 136 S., 605 s/w-Fotos, kart. **DM 19,80**/S 159.–

Nakayamas Karate perfekt 2
Grundtechniken. (0512) Von M. Nakayama, 136 S., 354 s/w-Fotos, 53 Zeichnungen, kart. **DM 19,80**/S 159.–

Nakayamas Karate perfekt 3
Kumite 1: Kampfübungen. (0538) Von M. Nakayama, 128 S., 424 s/w-Fotos, kart. **DM 19,80**/S 159.–

Nakayamas Karate perfekt 4
Kumite 2: Kampfübungen. (0547) Von M. Nakayama, 128 S., 394 s/w-Fotos, kart. **DM 19,80**/S 159.–

Nakayamas Karate perfekt 5
Kata 1: Heian, Tekki. (0571) Von M. Nakayama, 144 S., 1229 s/w-Fotos, kart. **DM 19,80**/S 159.–

Nakayamas Karate perfekt 6
Kata 2: Bassai-Dai, Kanku-Dai, (0600) Von M. Nakayama, 144 S., 1300 s/w-Fotos, 107 Zeichnungen, kart. **DM 19,80**/S 159.–

Nakayamas Karate perfekt 7
Kata 3: Jitte, Hangetsu, Empi. (0618) Von M. Nakayama, 144 S., 1988 s/w-Fotos, 105 Zeichnungen, kart. **DM 19,80**/S 159.–

Nakayamas Karate perfekt 8
Gankaku, Jion. (0650) Von M. Nakayama, 144 S., 1174 s/w-Fotos, 99 Zeichnungen, kart. **DM 19,80**/S 159.–

Kontakt-Karate
Ausrüstung · Technik · Training. (0396) Von A. Pflüger, 112 S., 238 s/w-Fotos, kart. **DM 14,80**/S 119.–

Karate-Do
Das Handbuch des modernen Karate. (4028) Von A. Pflüger, 360 S., 1159 Abb., Pappband. **DM 39,–**/S 319.–

Bo-Karate
Kukishin-Ryu – die Techniken des Stockkampfes. ((0447) Von G. Stiebler, 176 S., 424 s/w-Fotos, 38 Zeichnungen, kart. **DM 16,80**/S 139.–

Karate I
Einführung · Grundtechniken. (0227) Von A. Pflüger, 148 S., 195 s/w-Fotos und 120 Zeichnungen, kart. **DM 9,80**/S 79.–

Karate II
Kombinationstechniken · Katas. (0239) Von A. Pflüger, 176 S., 452 s/w-Fotos und Zeichnungen, kart. **DM 9,80**/S 79.–

Karate Kata 1
Heian 1-5, Tekki 1, Bassai Dai. (0683) Von W.-D. Wichmann, 164 S., 703 s/w-Fotos, kart. **DM 19,80**/S 159,–

Karate Kata 2
Jion, Engi, Kanku-Dai, Hangetsu. (0723) Von W.-D. Wichmann, 140 S., 661 s/w Fotos, 4 Zeichnungen, kart. **DM 19,80**/S 159,–

Ninja 1
Die Lehre der Schattenkämpfer. (0758) Von S. K. Hayes, 144 S., 137 s/w-Fotos, kart. **DM 16,80**/S 139,–

Ninja 2
Die Wege zum Shoshin (0763) Von S. K. Hayes 160 S., 309 s/w-Fotos, kart.
DM 16,80/S 139,–

Ninja 3
Der Pfad des Togakure-Kämpfers. (0764) Von S. K. Hayes, 144 S., 197 s/w Fotos, 2 Zeichnungen, kart.
DM 16,80/S 139,–

Ninja 4
Das Vermächtnis der Schattenkämpfer. (0807) Von S. K. Hayes, 196 S., 466 s/w Fotos, kart. **DM 16,80**/S 139,–

Der König des Kung-Fu
Bruce Lee
Sein Leben und Kampf. (0392) Von seiner Frau Linda. 136 S., 104 s/w-Fotos, kart. **DM 19,80**/S 159,–

Bruce Lees Kampfstil 1
Grundtechniken. (0473) Von B. Lee und M. Uyehara, 109 S., 220 Abb., kart.
DM 9,80/S 79,–

Bruce Lees Kampfstil 2
Selbstverteidigungs-Techniken. (0486) Von B. Lee und M. Uyehara, 128 S., 310 Abb., kart. **DM 9,80**/S 79,–

Bruce Lees Kampfstil 3
Trainingslehre. (0503) Von B. Lee und M. Uyehara, 112 S., 246 Abb., kart.
DM 9,80/S 79,–

Bruce Lees Kampfstil 4
Kampftechniken. (0523) Von B. Lee und M. Uyehara, 104 S., 211 Abb., kart.
DM 9,80/S 79,–

Bruce Lees Jeet Kune Do
(0440) Von B. Lee, übersetzt von H.-J. Hesse, 192 S., mit 105 eigenhändigen Zeichnungen von B. Lee, kart.
DM 19,80/S 159,–

Ju-Jutsu 1
Grundtechniken – Moderne Selbstverteidigung. (0276) Von W. Heim und F. J. Gresch, 160 S., 460 s/w-Fotos, 8 Zeichnungen, kart. **DM 9,80**/S 79,–

Ju-Jutsu 2
für Fortgeschrittene und Meister. (0378) Von W. Heim und F. J. Gresch, 164 S., 798 s/w-Fotos, kart. **DM 19,80**/S 159,–

Ju-Jutsu 3
Spezial-, Gegen- und Weiterführungs-Techniken. (0485) Von W. Heim und F. J. Gresch, 214 S., über 600 s/w-Fotos, kart. **DM 19,80**/S 159,–

Nunchaku
Waffe · Sport · Selbstverteidigung. (0373) Von A. Pflüger, 144 S., 247 Abb., kart. **DM 16,80**/S 139,–

Shuriken · Tonfa · Sai
Stockfechten und andere bewaffnete Kampfsportarten aus Fernost. (0397) Von A. Schulz, 96 S., 253 s/w-Fotos, kart. **DM 12,80**/S 99,–

Illustriertes Handbuch des Taekwon-Do
Koreanische Kampfkunst und Selbstverteidigung. (4053) Von K. Gil, 248 S., 1026 Abb., Pappband. **DM 29,80**/S 239,–

Taekwon-Do
Koreanischer Kampfsport. (0347) Von K. Gil, 152 S., 408 Abb., kart.
DM 12,80/S 99,–

Aikido
Lehren und Techniken des harmonischen Weges. (0537) Von R. Brand, 280 S., 697 Abb., kart. **DM 19,80**/S 159,–

Kung-Fu und Tai-Chi
Grundlagen und Bewegungsabläufe. (0367) Von B. Tegner, 182 S., 370 s/w-Fotos, kart. **DM 14,80**/S 119,–

Kung-Fu
Theorie und Praxis klassischer und moderner Stile. (0376) Von M. Pabst, 160 S., 330 Abb., kart.
DM 12,80/S 99,–

Shaolin-Kempo – Kung-Fu
Chinesisches Karate im Drachenstil. (0395) Von R. Czerni und K. Konrad. 246 S., 723 Abbildungen, kart.
DM 19,80/S 159,–

Hap Ki Do
Grundlagen und Techniken koreanischer Selbstverteidigung. (0379) Von Kim Sou Bong, 112 S., 153 Abb., kart.
DM 14,80/S 119,–

Dynamische Tritte
Grundlagen für den Zweikampf. (0438) Von C. Lee, 96 S., 398 s/w-Fotos, 10 Zeichnungen, kart. **DM 9,80**/S 79,–

Kickboxen
Fitneßtraining und Wettkampfsport. (0795) Von G. Lemmens, 96 S., 208 s/w Fotos, 23 Zeichnungen, kart.
DM 16,80/S 139,–

Muskeltraining mit Hanteln
Leistungssteigerung für Sport und Fitness. (0676) Von H. Schulz, 108 S., 92 s/w-Fotos, 2 Zeichnungen, kart.
DM 9,80/ S 79,–

Leistungsfähiger durch Krafttraining
Eine Anleitung für Fitness-Sportler, Trainer und Athleten (0617) Von W. Kieser, 100 S., 20 s/w-Fotos, 62 Zeichnungen, kart. **DM 9,80**/S 79,–

Bodybuilding
Anleitung zum Muskel- und Konditionstraining für sie und ihn. (0604) Von R. Smolana. 160 S., 171 s/w-Fotos, kart.
DM 9,80/S 79,–

Hanteltraining zu Hause
(0800) Von W. Kieser, 80 S., 71 s/w Fotos, 4 Zeichnungen, kart.
DM 9,80/S 79,–

Fit und gesund
Körpertraining und Bodybuilding zu Hause. (0782) Von H. Schulz, 80 S., 100 Farbfotos, 3 Zeichnungen, kart.
DM 14,80/S 119,–

Video-Kassette:
Fit und gesund
VHS (6013), Video 2000 (6014), Beta (6015), Laufzeit 30 Minuten, in Farbe.
DM 49,80/ S 448,–
(unverb. Preisempf.)

Package (Buch und Kassette)
Fit und gesund
(6019/VHS, 6020/Video 2000, 6021/Beta). Von H. Schulz,
DM 65,–/S 585,–
(unverbindl. Preisempf.)

Bodybuilding für Frauen
Wege zu Ihrer Idealfigur (0661) Von H. Schulz, 108 S., 84 s/w-Fotos, 4 Zeichnungen, großes farbiges Übungsposter, kart. **DM 14,80**/S 119,–

Isometrisches Training
Übungen für Muskelkraft und Entspannung. (0529) Von L. M. Kirsch, 140 S., 162 s/w-Fotos, kart. **DM 9,80**/S 79,–

Spaß am Laufen
Jogging für die Gesundheit. (0470) Von W. Sonntag, 140 S., 41 s/w-Fotos, 1 Zeichnung, kart. **DM 9,80**/S 79,–

Mein bester Freund, der Fußball
(5107) Von D. Brüggemann und D. Albrecht, 144 S., 171 Abb., kart.
DM 16,80/S 139,–

Fußball
Training und Wettkampf. (0448) Von H. Obermann und P. Walz, 166 S., 92 s/w-Fotos, 15 Zeichnungen, 29 Diagramme, kart. **DM 12,80**/S 99,–

Handball
Technik · Taktik · Regeln. (0426) Von F. und P. Hattig, 128 S., 91 s/w-Fotos, 121 Zeichnungen, kart. **DM 14,80**/S 119,–

Volleyball
Technik · Taktik · Regeln. (0351) Von H. Huhle, 104 S., 330 Abb., kart.
DM 9,80/S 79,–

Basketball
Technik und Übungen für Schule und Verein. (0279) Von C. Kyriasoglou, 116 S., mit 252 Übungen zur Basketballtechnik, 186 s/w-Fotos und 164 Zeichnungen, kart. **DM 12,80**/S 99,–

Hockey
Technische und taktische Grundlagen. (0398) Von H. Wein, 152 S., 60 s/w-Fotos, 30 Zeichnungen, kart.
DM 16,80/S 139,–

Eishockey
Lauf- und Stocktechnik, Körperspiel, Taktik, Ausrüstung und Regeln, (0414) Von J. Čapla, 264 S., 548 s/w-Fotos, 163 Zeichnungen, kart. **DM 19,80**/S 159,–

Badminton
Technik · Taktik · Training. (0699) Von K. Fuchs, L. Sologub, 168 S., 51 Abb., kart., **DM 16,80**/S 139,–

Golf
Ausrüstung · Technik · Regeln. (0343) Von J. C. Jessop, übersetzt von H. Biemer, mit einem Vorwort von H. Krings, Präsident des Deutschen Golf-Verbandes, 160 S., 65 Abb., Anhang Golfregeln des DGV, kart. **DM 16,80**/S 139,–

Pool-Billard
(0484) Herausgegeben vom Deutschen Pool-Billard-Bund, von M. Bach und K.-W. Kühn, 88 S., mit über 80 Abb., kart. **DM 7,80**/S 69,–

Sportschießen
für jedermann. (0502) Von A. Kovacic, 124 S., 116 s/w-Fotos, kart.
DM 14,80/S 119,–

Fechten
Florett · Degen · Säbel. (0449) Von E. Beck, 88 S., 219 Fotos und Zeichnungen, kart. **DM 11,80**/S 94,–

Reiten
Dressur · Springen · Gelände. (0415) Von U. Richter, 168 S., 235 Abb., kart.
DM 12,80/S 99,–

Fibel für Kegelfreunde
Sport- und Freizeitkegeln · Bowling. (0191) Von G. Bocsai, 72 S., 62 Abb., kart. **DM 5,80**/S 49,–

Beliebte und neue Kegelspiele
(0271) Von G. Bocsai, 92 S., 62 Abb., kart. **DM 5,80**/S 49,–

111 spannende Kegelspiele
(2031) Von H. Regulski, 88 S., 53 Zeichnungen, kart., **DM 7,80**/S 69,–

Ski-Gymnastik
Fit für Piste und Loipe. (0450) Von H. Pilss-Samek, 104 S., 67 s/w-Fotos, 20 Zeichnungen, kart. **DM 6,80**/S 59,–

Die neue Skischule
Ausrüstung · Technik · Trickskilauf · Gymnastik. (0369) Von C. und R. Kerler, 128 S., 100 Abb., kart. **DM 9,80**/S 79,–

Skilanglauf, Skiwandern
Ausrüstung · Techniken · Skigymnastik. (5129) Von T. Reiter und R. Kerler, 80 S., 8 Farbtafeln, 85 Zeichnungen und s/w-Fotos, kart. **DM 14,80**/S 119,–

Alpiner Skisport
Ausrüstung · Techniken · Skigymnastik (5130) Von K. Meßmann, 128 S., 8 Farbtafeln, 93 s/w-Fotos, 45 Zeichnungen, kart. **DM 14,80**/S 119.–

Die neue Tennis-Praxis
Der individuelle Weg zu erfolgreichem Spiel. (4097) Von R. Schönborn, 240 S., 202 Farbzeichnungen, 31 s/w-Abb., Pappband. **DM 39,–**/S 319.–

Erfolgreiche Tennis-Taktik
(4086) Von R. Ford Greene, übersetzt von M. R. Fischer, 182 S., 87 Abb., kart. **DM 19,80**/S 159.–

Moderne Tennistechnik
(4187) Von G. Lam, 192 S., 339 s/w Fotos, 91 Zeichnungen, kart. **DM 24,80**/S 198.–

Tennis kompakt
Der erfolgreiche Weg zu Spiel, Satz und Sieg. (5116) Von W. Taferner, 128 S., 82 s/w-Fotos, 67 Zeichnungen, kart. **DM 14,80**/S 119.–

Tennis
Technik · Taktik · Regeln. (0375) Von H. Elschenbroich, 112 S., 81 Abb., kart. **DM 6,80**/S 59.–

Tischtennis-Technik
Der individuelle Weg zu erfolgreichem Spiel. (0775) Von M. Perger, 144 S., 296 Abb. kart. **DM 16,80**/S 139.–

Squash
Ausrüstung · Technik · Regeln. (0539) Von D. von Horn und H.-D. Stünitz, 96 S., 55 s/w-Fotos, 25 Zeichnungen, kart. **DM 8,80**/S 74.–

Sporttauchen
Theorie und Praxis des Gerätetauchens. (0647) Von S. Müßig, 144 S., 8 Farbtafeln, 35 s/w-Fotos, 89 Zeichnungen, kart., **DM 14,80**/S 119.–

Windsurfing
Lehrbuch für Grundschein und Praxis. (5028) Von C. Schmidt, 64 S., 60 Farbfotos, Pappband. **DM 12,80**/S 99.–

Segeln
Der neue Grundschein – Vorstufe zum A-Schein – Mit Prüfungsfragen. (5147) Von C. Schmidt, 80 S., 8 Farbtafeln, 18 Farbfotos, 82 Zeichnungen, **DM 14,80**/S 119.–

Sportfischen
Fische – Geräte – Technik. (0324) Von H. Oppel, 144 S., 49 s/w-Fotos, 8 Farbtafeln, kart. **DM 9,80**/S 79.–

Falken-Handbuch **Angeln**
in Binnengewässern und im Meer. (4090) Von H. Oppel, 344 S., 24 Farbtafeln, 66 s/w-Fotos, 151 Zeichnungen, gebunden. **DM 39,–**/S 319.–

Angeln
Kleine Fibel für den Sportfischer. (0198) Von E. Bondick, 96 S., 116 Abb., kart. **DM 8,80**/S 74.–

Die Erben Lilienthals
Sportfliegen heute
(4054) Von G. Brinkmann, 240 S., 32 Farbtafeln, 176 s/w-Fotos, 33 Zeichnungen, gebunden. **DM 39,–**/S 319.–

Einführung in das Schachspiel
(0104) Von W. Wollenschläger und K. Colditz, 92 S., 116 Diagramme, kart. **DM 6,80**/S 59.–

Schach mit dem Computer
(0747) Von D. Frickenschmidt, 140 S., 112 Diagramme, 29 s/w-Fotos, 5 Zeichnungen, **DM 16,80**/S 139.–

Spielend Schach lernen
(2002) Von T. Schuster, 128 S., kart. **DM 6,80**/S 59.–

Kinder- und Jugendschach
Offizielles Lehrbuch des Deutschen Schachbundes zur Erringung der Bauern-, Turm- und Königsdiplome. (0561) Von B. J. Withuis und H. Pfleger, 144 S., 220 Zeichnungen u. Diagramme, kart. **DM 12,80**/S 99.–

Neue Schacheröffnungen
(0478) Von T. Schuster, 108 S., 100 Diagramme, kart. **DM 8,80**/S 74.–

Schach für Fortgeschrittene
Taktik und Probleme des Schachspiels. (0219) Von R. Teschner, 96 S., 85 Diagramme, kart. **DM 5,80**/S 49.–

Taktische Schachendspiele
(0752) Von J. Nunn, 200 S., 151 Diagramme, kart. **DM 16,80**/S 139.–

Schach-WM '85 Karpow – Kasparow.
Mit ausführlichen Kommentaren zu allen Partien. (0785) Von H. Pfleger, O. Borik, M. Kipp-Thomas, 128 S., zahlreiche Abb. und Diagramme, kart. **DM 14,80**/S 119.–

Schachstrategie
Ein Intensivkurs mit Übungen und ausführlichen Lösungen. (0584) Von A. Koblenz, dt. Bearb. von K. Colditz, 212 S., 240 Diagramme, kart. **DM 16,80**/S 139.–

Falken-Handbuch **Schach**
(4051) Von T. Schuster, 360 S., über 340 Diagramme, gebunden. **DM 36,–**/S 298.–

Die besten Partien deutscher Schachgroßmeister
(4121) Von H. Pfleger, 192 S., 29 s/w-Fotos, 89 Diagramme, Pappband. **DM 29,80**/S 239.–

Turnier der Schachgroßmeister '83
Karpow · Hort · Browne · Miles Chandler · Garcia · Rogers · Kindermann. (0718) Von H. Pfleger, E. Kurz, 176 S., 29 s/w-Fotos, 71 Diagramme, kart. **DM 16,80**/S 139.–

Lehr-, Übungs- und Testbuch der Schachkombinationen
(0649) Von K. Colditz, 184 S., 227 Diagramme, kart. **DM 14,80**/S 119.–

Zug um Zug
Schach für jedermann 1
Offizielles Lehrbuch des Deutschen Schachbundes zur Erringung des Bauerndiploms. (0648) Von H. Pfleger und E. Kurz, 80 S., 24 s/w-Fotos, 8 Zeichnungen, 60 Diagramme, kart. **DM 6,80**/ S 59.–

Zug um Zug
Schach für jedermann 2
Offizielles Lehrbuch des Deutschen Schachbundes zur Erringung des Turmdiploms. (0659) Von H. Pfleger und E. Kurz, 132 S., 8 s/w-Fotos, 14 Zeichnungen, 78 Diagramme, kart. **DM 9,80**/S 79.–

Zug um Zug
Schach für jedermann 3
Offizielles Lehrbuch des Deutschen Schachbundes zur Erringung des Königdiploms. (0728) Von H. Pfleger, G. Treppner, 128 S., 4 s/w-Fotos, 84 Diagramme, 10 Zeichnungen, kart. **DM 9,80**/S 79.–

Schachtraining mit den Großmeistern
(0670) Von H. Bouwmeester, 128 S., 90 Diagramme, kart. **DM 14,80**/ S 119.–

Schach als Kampf
Meine Spiele und mein Weg. (0729) Von G. Kasparow, 144 S., 95 Diagramme, 9 s/w-Fotos, kart. **DM 14,80**/S 119.–

Spiele, Denksport, Unterhaltung

Kartenspiele
(2001) Von C. D. Grupp, 144 S., kart. **DM 9,80**/S 79.–

Neues Buch der siebzehn und vier Kartenspiele
(0095) Von K. Lichtwitz, 96 S., kart. **DM 6,80**/S 59.–

Alles über Pokern
Regeln und Tricks. (2024) Von C. D. Grupp, 120 S., 29 Kartenbilder, kart. **DM 8,80**/S 74.–

Rommé und Canasta
in allen Variationen. (2025) Von C. D. Grupp, 124 S., 24 Zeichnungen, kart., **DM 9,80**/S 79.–

Schafkopf, Doppelkopf, Binokel, Cego, Gaigel, Jaß, Tarock und andere „Lokalspiele".
(2015) Von C. D. Grupp, 152 S., kart. **DM 12,80**/S 99.–

Spielend Skat lernen
unter freundlicher Mitarbeit des deutschen Skatverbandes. (2005) Von Th. Krüger, 156 S., 181 s/w-Fotos, 22 Zeichnungen, kart. **DM 9,80**/S 79.–

Das Skatspiel
Eine Fibel für Anfänger. (0206) Von K. Lehnhoff, überarb. von P. A. Höfges, 96 S., kart. **DM 6,80**/S 59.–

Black Jack
Regeln und Strategien des Kasinospiels. (2032) Von K. Kelbratowski, 88 S., kart. **DM 9,80**/S 79.–

Falken-Handbuch **Patiencen**
Die 111 interessantesten Auslagen. (4151) Von U. v. Lyncker, 216 S., 108 Abbildungen, Pappband. **DM 29,80**/S 239.–

Patiencen
in Wort und Bild. (2003) Von I. Wolter, 136 S., kart. **DM 7,80**/S 69.–

Falken-Handbuch **Bridge**
Von den Grundregeln zum Turnierspiel. (4092) Von W. Voigt und K. Ritz, 276 S., 792 Zeichnungen, gebunden. **DM 39,-**/S 319.–

Spielend Bridge lernen
(2012) Von J. Weiss, 108 S., 58 Zeichnungen, kart. **DM 7,80**/S 69.–

Spieltechnik im Bridge
(2004) Von V. Mollo und N. Gardener, deutsche Adaption von D. Schröder, 216 S., kart. **DM 16,80**/S 139.–

Besser Bridge spielen
Reiztechnik, Spielverlauf und Gegenspiel. (2026) Von J. Weiss, 144 S., 60 Diagrammen, kart. **DM 14,80**/S 119.–

Herausforderung im Bridge
200 Aufgaben mit Lösungen. (2033) Von V. Mollo, 152 S., kart. **DM 19,80**/S 159.–

Kartentricks
(2010) Von T. A. Rosee, 80 S., 13 Zeichnungen, kart. **DM 6,80**/S 59.–

Mah-Jongg
Das chinesische Glücks-, Kombinations- und Gesellschaftsspiel. (2030) Von U. Eschenbach, 80 S., 30 s/w-Fotos, 5 Zeichnungen, kart. **DM 9,80**/S 79.–

Neue Kartentricks
(2027) Von K. Pankow, 104 S., 20 Abb., kart. **DM 7,80**/S 69.–

Backgammon
für Anfänger und Könner. (2008) Von G. W. Fink und G. Fuchs, 116 S., 41 Abb., kart. **DM 9,80**/S 79.–

FALKEN VERLAG

Die Preise entsprechen dem Status beim Druck dieses

Würfelspiele
für jung und alt. (2007) Von F. Pruss, 112 S., 21 s/w-Zeichnungen, kart. **DM 7,80**/S 69.–

Gesellschaftsspiele
für drinnen und draußen. (2006) Von H. Görz, 128 S., kart. **DM 6,80**/S 59.–

Spiele für Party und Familie
(2014) Von Rudi Carrell, 160 S., 50 Abb., kart. **DM 9,80**/S 79.–

Dame
Das Brettspiel in allen Variationen. (2028) Von C. D. Grupp, 104 S., 122 Diagramme, kart. **DM 9,80**/S 79.–

Das japanische Brettspiel Go
(2020) Von W. Dörholt, 104 S., 182 Diagramme, kart. **DM 9,80**/S 79.–

Roulette richtig gespielt
Systemspiele, die Vermögen brachten. (0121) Von M. Jung, 96 S., zahlreiche Tabellen, kart. **DM 7,80**/S 69.–

So gewinnt man gegen Video- und Computerspiele
(0644) Von C. Kerler, 160 S., 25 Zeichnungen, 30 s/w-Fotos, kart. **DM 6,80**/S 59.–

Denksport und Schnickschnack
für Tüftler und fixe Köpfe. (0362) Von J. Barto, 100 S., 45 Abb., kart. **DM 6,80**/S 59.–

Rätselspiele, Quiz- und Scherzfragen
für gesellige Stunden. (0577) Von K.-H. Schneider, 168 S., über 100 Zeichnungen, Pappband. **DM 16,80**/S 139.–

Knobeleien und Denksport
(2019) Von K. Rechberger, 142 S., 105 Zeichnungen, kart. **DM 7,80**/S 69.–

Quiz
Mehr als 1500 ernste und heitere Fragen aus allen Gebieten. (0129) Von R. Sautter und W. Pröve, 92 S., 9 Zeichnungen, kart. **DM 7,80**/S 69.–

500 Rätsel selberraten
(0681) Von E. Krüger, 272 S., kart. **DM 9,95**/S 79.–

Das Super-Kreuzwort-Rätsel-Lexikon
Über 150.000 Begriffe. (4126) Von H. Schiefelbein, 684 S., Pappband. **DM 19,80**/S 159.–

365 Schwedenrätsel
(4173) Von Günther Borutta, 336 S., kart. **DM 16,80**/S 139.–

501 Rätsel selberraten
(0711) Von E. Krüger, 272 S., kart. **DM 9,95**/S 79.–

Riesen-Kreuzwort-Rätsel-Lexikon
über 250.000 Begriffe. (4197) Von H. Schiefelbein, 1024 S., Pappband. **DM 29,80**/S 239.–

Das große farbige Kinderlexikon
(4195) Von U. Kopp, 320 S., 493 Farbabb., 17 s/w-Fotos, Pappband. **DM 29,80**/S 239.–

Punkt, Punkt, Komma, Strich
Zeichenstunden für Kinder. (0564) Von H. Witzig, 144 S., über 250 Zeichnungen, kart. **DM 6,80**/S 59.–

Einmal grad und einmal krumm
Zeichenstunden für Kinder. (0599) Von H. Witzig, 144 S., 363 Abb., kart. **DM 6,80**/S 59.–

Kinderspiele
die Spaß machen. (2009) Von H. Müller-Stein, 112 S., 28 Abb., kart. **DM 6,80**/S 59.–

Spiele für Kleinkinder
(2011) Von D. Kellermann, 80 S., 23 Abb., kart. **DM 5,80**/S 49.–

Kasperletheater
Spieltexte und Spielanleitungen · Basteltips für Theater und Puppen. (0641) Von U. Lietz, 136 S., 4 Farbtafeln, 12 s/w-Fotos, 39 Zeichnungen, kart. **DM 9,80**/S 79.–

Kindergeburtstag
Vorbereitung, Spiel und Spaß. (0287) Von Dr. I. Obrig, 104 S., 40 Abb., 11 Zeichnungen, 9 Lieder mit Noten, kart. **DM 5,80**/S 49.–

Kindergeburtstage die keiner vergißt
Planung, Gestaltung, Spielvorschläge. (0698) Von G. und G. Zimmermann, 102 S., 80 Vignetten, kart. **DM 9,80**/ S 79.–

Kinderfeste
daheim und in Gruppen. (4033) Von G. Blechner, 240 S., 320 Abb., kart. **DM 19,80**/S 159.–

Scherzfragen, Drudel und Blödeleien
gesammelt von Kindern. (0506) Hrsg. von W. Pröve, 112 S., 57 Zeichnungen, kart. **DM 5,80**/S 49.–

Kein schöner Land...
Das große Buch unserer beliebtesten Volkslieder. (4150) 208 S., 108 Farbzeichnungen, Pappband. **19,80**/S 159.–

Die schönsten Wander- und Fahrtenlieder
(0462) Hrsg. von F. R. Miller, empfohlen vom Deutschen Sängerbund, 80 S., mit Noten und Zeichnungen, kart. **DM 5,80**/S 49.–

Die schönsten Volkslieder
(0432) Hrsg. von D. Walther, 128 S., mit Noten und Zeichnungen, kart. **DM 6,80**/ S 55.–

Wir geben eine Party
(0192) Von E. Ruge, 88 S., 8 Farbtafeln, 23 Zeichnungen, kart. **DM 8,80**/S 74.–

Neue Spiele für Ihre Party
(2022) Von G. Blechner, 120 S., 54 Zeichnungen, kart. **DM 7,80**/S 69.–

Lustige Tanzspiele und Scherztänze
für Parties und Feste. (0165) Von E. Bäulke, 80 S., 53 Abb., kart. **DM 6,80**/S 59.–

Straßenfeste, Flohmärkte und Basare
Praktische Tips für Organisation und Durchführung. (0592) Von H. Schuster, 96 S., 52 Fotos, 17 Zeichnungen, kart. **DM 12,80**/S 99.–

Humor

Es ist ein Brauch von alters her...
Lebensweisheiten
(2214) Von W. Busch, 80 S., 38 Zeichnungen, Pappband. **DM 9,80**/S 79.–

Heitere Vorträge und witzige Reden
Lachen, Witz und gute Laune. (0149) Von E. Müller, 104 S., 44 Abb., kart. **DM 9,80**/S 79.–

Tolle Sketche
mit zündenden Pointen – zum Nachspielen. (0656) Von E. Cohrs, 112 S., kart. **DM 9,80**/S 79.–

Vergnügliche Sketche
(0476) Von H. Pillau, 96 S., mit 7 lustigen Zeichnungen, kart. **DM 6,80**/S 59.–

Heitere Vorträge
(0528) Von E. Müller, 128 S., 14 Zeichnungen, kart. **DM 9,80**/S 79.–

Die große Lachparade
Neue Texte für heitere Vorträge und Ansagen. (0188) Von E. Müller, 108 S., kart. **DM 6,80**/S 59.–

So feiert man Feste fröhlicher
Heitere Vorträge und Gedichte. (0098) Von Dr. Allos, 96 S., 15 Abb., kart. **DM 7,80**/S 69.–

Lustige Vorträge für fröhliche Feiern
(0284) Von Karl Lehnhoff, 96 S., kart. **DM 6,80**/S 59.–

Vergnügliches Vortragsbuch
(0091) Von J. Plaut, 192 S., kart. **DM 8,80**/S 74.–

Tolle Sachen zum Schmunzeln und Lachen
Lustige Ansagen und Vorträge. (0163) Von E. Müller, 92 S., kart. **DM 6,80**/S 59.–

Humor für jedes Ohr
Fidele Sketche und Ansagen. (0157) Von H. Ehnle. 96 S., kart. **DM 6,80**/S 59.–

Sketche und spielbare Witze
für bunte Abende und andere Feste. (0445) Von H. Friedrich, 120 S., 7 Zeichnungen, kart. **DM 6,80**/S 59.–

Sketsche
Kurzspiele zu amüsanter Unterhaltung. (0247) Von M. Gering, 132 S., 16 Abb., kart., **DM 6,80**/59.–

Dalli-Dalli-Sketche
aus dem heiteren Ratespiel von und mit Hans Rosenthal. (0527) Von H. Pillau, 144 S., 18 Zeichnungen, kart. **DM 9,80**/S 79.–

Witzige Sketche zum Nachspielen
(0511) Von D. Hallervorden, 160 S., kart. **DM 14,80**/S 119.–

Gereimte Vorträge
für Bühne und Bütt. (0567) Von G. Wagner, 96 S., kart. **DM 7,80**/S 69.–

Damen in der Bütt
Scherze, Büttenreden, Sketsche. (0354) Von T. Müller, 136 S., kart. **DM 8,80**/S 74.–

Narren in der Bütt
Leckerbissen aus dem rheinischen Karneval. (0216) Zusammengestellt von T. Lücker, 112 S., kart. **DM 8,80**/S 74.–

Rings um den Karneval
Karnevalsscherze und Büttenreden. (0130) Von Dr. Allos, 136 S., kart. **DM 9,80**/S 79.–

Helau und Alaaf 1
Närrisches aus der Bütt. (0304) Von E. Müller, 112 S., kart. **DM 6,80**/S 59.–

Helau und Alaaf 2
Neue Büttenreden. (0477) Von E. Luft, 104 S., kart. **DM 7,80**/S 69.–

Humor und Stimmung
Ein heiteres Vortragsbuch. (0460) Von G. Wagner, 112 S., kart. **DM 6,80**/S 59.–

Humor und gute Laune
Ein heiteres Vortragsbuch. (0635) Von G. Wagner, 112 S., 5 Zeichnungen, kart. **DM 8,80**/S 74.–

Das große Buch der Witze
(0384) Von E. Holz, 320 S., 36 Zeichnungen, Pappband. **DM 16,80**/S 139.–

Da lacht das Publikum
Neue lustige Vorträge für viele Gelegenheiten. (0716) Von H. Schmalenbach, 104 S., kart. **DM 9,80**/S 79.–

Witzig, witzig
(0507) Von E. Müller, 128 S., 16 Zeichnungen, kart. **DM 6,80**/S 59,–

Die besten Witze und Cartoons des Jahres 1
(0454) Hrsg. von K. Hartmann, 288 S., 125 Zeichnungen, geb. **DM 16,80**/S 139.–

Die besten Witze und Cartoons des Jahres 2
(0488) Hrsg. von K. Hartmann, 288 S., 148 Zeichnungen, geb. **DM 16,80**/S 139.–

Die besten Witze und Cartoons des Jahres 3
(0524) Hrsg. von K. Hartmann, 288 S., 105 Zeichnungen, Pappband. **DM 16,80**/S 139.–

Die besten Witze und Cartoons des Jahres 4
(0579) Hrsg. von K. Hartmann, 288 S., 140 Zeichnungen, Pappband. **DM 16,80**/S 139.–

Die besten Witze und Cartoons des Jahres 5
(0642) Hrsg. von K. Hartmann, 288 S., 88 Zeichnungen, Pappband. **DM 16,80**/S 139.–

Das Superbuch der Witze
(4146) Von B. Bornheim, 504 S., 54 Cartoons, Pappband. **DM 16,80**/S 139.–

Witze
Lachen am laufenden Band (4241) Von J. Borkert, D. Kroppach, 400 S., 41 Zeichnungen, Pappband. **DM 15,–**/S 120.–

Die besten Beamtenwitze
(0574) Hrsg. von W. Pröve, 112 S., 59 Cartoons, kart. **DM 5,80**/S 49.–

Die besten Kalauer
(0705) Von K. Frank, 112 S., 12 Zeichnungen, kart., **DM 5,80**/S 49.–

Robert Lembkes Witzauslese
(0325) Von Robert Lembke, 160 S., mit 10 Zeichnungen von E. Köhler, Pappband. **DM 14,80**/S 119.–

Fred Metzlers Witze mit Pfiff
(0368) Von F. Metzler, 120 S., kart. **DM 6,80**/S 59.–

O frivol ist mir am Abend
Pikante Witze von Fred Metzler. (0388) Von F. Metzler, 128 S., mit Karikaturen, kart. **DM 5,80**/S 49.–

Herrenwitze
(0589) Von G. Wilhelm, 112 S., 31 Zeichnungen, kart. **DM 5,80**/S 49.–

Witze am laufenden Band
(0461) Von F. Asmussen, 118 S., kart. **DM 6,80**/S 59.–

Horror zum Totlachen
Gruselwitze
(0536) Von F. Lautenschläger, 96 S., 44 Zeichnungen, kart. **DM 5,80**/S 49.–

Die besten Ostfriesenwitze
(0495) Hrsg. von O. Freese, 112 S., 17 Zeichnungen, kart. **DM 5,80**/S 49.–

Die Kleidermotte ernährt sich von nichts, sie frißt nur Löcher
Stilblüten, Sprüche und Widersprüche aus Schule, Zeitung, Rundfunk und Fernsehen. (0738) Von P. Haas, D. Kroppach, 112 S., zahlr. Abb., kart. **DM 6,80**/S 59,–

Olympische Witze
Sportlerwitze in Wort und Bild. (0505) Von W. Willnat, 112 S., 126 Zeichnungen, kart. **DM 5,80**/S 49.–

Ich lach mich kaputt! Die besten Kinderwitze
(0545) Von E. Hannemann, 128 S., 15 Zeichnungen, kart. **DM 5,80**/S 49.–

Lach mit!
Witze für Kinder, gesammelt von Kindern. (0468) Hrsg. von W. Pröve, 128 S., 17 Zeichnungen, kart. **DM 6,80**/S 59,–

Die besten Kinderwitze
(0757) Von K. Rank, 120 S., 28 Zeichnungen, kart. **DM 6,80**/S 59,–

Lustige Sketche für Jungen und Mädchen
Kurze Theaterstücke für Jungen und Mädchen. (0669) Von U. Lietz und U. Lange, 104 S., kart. **DM 7,80**/S 69,–

Natur

Faszination Berg
zwischen Alpen und Himalaya. (4214) Von T. Hiebeler, 96 S., 100 Farbfotos, Pappband. **DM 24,80**/S 198.–

Hilfe für den Wald
Ursachen, Schadbilder, Hilfsprogramme. Was jeder wissen muß, um unser wichtigstes Öko-System zu retten. (4164) Von K. F. Wentzel, R. Zundel, 128 S., 178 Farb- und 6 s/w-Fotos, 60 Zeichnungen, kart. **DM 19,80**/S 159,–

Gefährdete und geschützte Pflanzen
erkennen und benennen. (0596) Von W. Schnedler und K. Wolfstetter, 160 S., 140 Farbfotos, 4 Zeichnungen, kart. **DM 19,80**/S 159,–

Beeren und Waldfrüchte
erkennen und benennen, eßbar oder giftig? (0401) Von J. Raithelhuber, 120 S., 90 Farbfotos, 40 Zeichnungen, kart. **DM 16,80**/S 139.–

Pilze
erkennen und benennen. (0380) Von J. Raithelhuber, 136 S., 110 Farbfotos, kart. **DM 14,80**/S 119.–

Falken-Handbuch **Pilze**
Mit über 250 Farbfotos und Rezepten. (4061) Von M. Knoop, 276 S., 250 Farbfotos, Pappband. **DM 39,–**/S 319.–

Das Gartenjahr
Arbeitsplan für den Hobbygärtner. (4075) Von G. Bambach, 152 S., 16 Farbtafeln, 141 Abb., kart. **DM 14,80**/S 119.–

Gartenteiche und Wasserspiele
planen, anlegen und pflegen. (4083) Von H. R. Sikora, 160 S., 31 Farb- und 31 s/w-Fotos, 73 Zeichnungen, Pappband. **DM 29,80**/S 239.–

Wasser im Garten
Von der Vogeltränke zum Naturteich – Natürliche Lebensräume selbst gestalten. (4230) Von H. Hendel, 240 S., 247 Farbfotos, 68 Farbzeichnungen, Pappband. **DM 59,–**/S 479.–

Gärtnern
(5004) Von I. Manz, 64 S., 38 Farbfotos, Pappband. **DM 14,80**/S 119.–

Gärtner Gustavs Gartenkalender
Arbeitspläne · Pflanzenporträts · Gartenlexikon. (4155) Von G. Schoser, 120 S., 146 Farbfotos, 13 Tabellen, 203 farbige Zeichnungen, Pappband. **DM 24,80**/S 198.–

Ziersträucher und -bäume im Garten
(5071) Von I. Manz, 64 S., 91 Farbfotos, Pappband. **DM 14,80**/S 119.–

Das Blumenjahr
Arbeitsplan für drinnen und draußen. (4142) Von G. Vocke, 136 S., 15 Farbtafeln, kart. **DM 14,80**/S 119.–

Der richtige Schnitt von Obst- und Ziergehölzen, Rosen und Hecken
(0619) Von E. Zettl, 88 S., 8 Farbtafeln, 39 Zeichnungen, 21 s/w-Fotos, kart. **DM 7,80**/S 69.–

Blumenpracht im Garten
(5014) Von I. Manz, 64 S., 93 Farbfotos, Pappband. **DM 14,80**/S 119.–

Vom betörenden Zauber der **Rosen**
(2206) Von H. Steinhauer, 80 S., 89 Farbfotos und Zeichnungen, Pappband. **DM 9,80**/S 85,–

Blütenpracht in Haus und Garten
(4145) Von M. Haberer, u. a., 352 S., 1012 Farbfotos, Pappband. **DM 39,–**/S 319,–

Das bunte Blütenparadies der **Blumen**
(2219) Von B. Zeidelhack, 80 S., 72 Farbabb., Pappband. **DM 9,80**/S 85,–

Sag's mit Blumen
Pflege und Arrangieren von Schnittblumen. (5103) Von P. Möhring, 64 S., 68 Farbfotos, 2 s/w-Abb., Pappband. **DM 14,80**/S 119.–

Grabgestaltung
Bepflanzung und Pflege zu jeder Jahreszeit. (5120) Von N. Uhl, 64 S., 77 Farbfotos, 2 Zeichnungen, Pappband. **DM 16,80**/S 139.–

Leben im Naturgarten
Der Biogärtner und seine gesunde Umwelt. (4124) Von N. Jorek, 128 S., 68 s/w-Fotos, kart. **DM 14,80**/S 119.–

So wird mein Garten zum Biogarten
Alles über die Umstellung auf naturgemäßen Anbau. (0706) Von I. Gabriel, 128 S., durchgehend 4farbig, 73 Farbfotos, 54 Farbzeichnungen, kart. **DM 14,80**/S 119,–

Gesunde Pflanzen im Biogarten
Biologische Maßnahmen bei Schädlingsbefall und Pflanzenkrankheiten. (0707) Von I. Gabriel, 128 S., durchgehend 4farbig, 126 Farbfotos, 12 Farbzeichnungen, kart. **DM 14,80**/S 119,–

Der Biogarten unter Glas und Folie
Ganzjährig erfolgreich ernten. (0722) Von I. Gabriel, 128 S., durchgehend 4farbig, 62 Farbfotos, 45 Farbzeichnungen, kart. **DM 14,80**/S 119,–

Obst und Beeren im Biogarten
Gesunde und schmackhafte Früchte durch natürlichen Anbau. (0780) Von I. Gabriel, 128 S., 38 Farbfotos, 71 Farbzeichnungen, kart. **DM 14,80**/S 119,–

Die Preise entsprechen dem Status beim Druck dieses

Neuanlage eines Biogartens
Planung, Bodenvorbeitung, Gestaltung. (0721) Von I. Gabriel, 128 S., durchgehend 4farbig, 73 Farbfotos, 39 Zeichnungen, kart. **DM 14,80**/S 119,–

Der biologische Zier- und Wohngarten
Planen, Vorbereiten, Bepflanzen und Pflegen. (0748) Von I. Gabriel, 128 S., 72 Farbfotos, 46 Farbzeichnungen, kart. **DM 14,80**/S 119,–

Das Bio-Gartenjahr
Arbeitsplan für naturgemäßes Gärtnern. (4169) Von N. Jorek, 128 S., 8 Farbtafeln, 70 s/w-Abb. kart. **DM 14,80**/S 119,–

Selbstversorgung aus dem eigenen Anbau
Reichen Erntesegen verwerten und haltbar machen. (4182) Von M. Bustorf-Hirsch, M. Hirsch, 216 S., 270 Zeichnungen, Pappband. **DM 29,80**/S 239,–

Mischkultur im Nutzgarten
Mit Jahreskalender und Anbauplänen. (0651) Von H. Oppel, 112 S., 8 Farbtafeln, 23 s/w-Fotos, 29 Zeichnungen, kart. **DM 9,80**/S 79,–

Erfolgstips für den Gemüsegarten
Mit naturgemäßem Anbau zu höherem Ertrag. (0674) Von F. Mühl, 80 S., 30 s/w-Fotos, 4 Zeichnungen, kart. **DM 7,80**/ S 69,–

Der erfolgreiche Obstgarten
Pflanzung · Veredelung und Schnitt. (5100) Von J. Zech, 64 S., 54 Farbfotos, Pappband. **DM 14,80**/S 119,–

Gemüse, Kräuter, Obst aus dem Balkongarten
– Erfolgreich ernten auf kleinstem Raum. (0694) Von S. Stein, 32 S., 34 Farbfotos, 6 Zeichnungen, Spiralbindung, kart., **DM 7,80**/S 69,–

Keime, Sprossen, Küchenkräuter
am Fenster ziehen – rund ums Jahr. (0658) Von F. und H. Jantzen, 32 S., 55 Farbfotos, Spiralbindung, kart. **DM 6,80**/S 59,–

Balkons in Blütenpracht
zu allen Jahreszeiten. (5047) Von N. Uhl, 64 S., 80 Farbfotos, Pappband. **DM 14,80**/S 119,–

Kübelpflanzen
für Balkon, Terrasse und Dachgarten. (5132) Von M. Haberer, 64 S., 70 Farbfotos, Pappband. **DM 14,80**/S 119,–

Kletterpflanzen
Rankende Begrünung für Fassade, Balkon und Garten. (5140) Von M. Haberer, 64 S., 70 Farbabb., 2 Zeichnungen, Pappband. **DM 14,80**/S 119,–

Mein Kräutergarten rund ums Jahr
Täglich schnittfrisch und gesund würzen. (4192) Von Prof. Dr. G. Lysek, 136 S., 15 Farbtafeln, 91 Zeichnungen, kart. **DM 16,80**/S 139,–

Blühende Zimmerpflanzen
94 Arten mit Pflegeanleitungen. (5010) Von R. Blaich, 64 S., 107 Farbfotos, Pappband. **DM 14,80**/S 119,–

Falken-Handbuch **Zimmerpflanzen**
1600 Pflanzenporträts. (4082) Von R. Blaich, 432 S., 480 Farbfotos, 84 Zeichnungen, 1600 Pflanzenbeschreibungen, Pappband. **DM 39,–**/S 319,–

Blütenpracht in Grolit 2000
Der neue, mühelose Weg zu farbenprächtigen Zimmerpflanzen. (5127) Von G. Vocke, 64 S., 50 Farbfotos, Pappband. **DM 14,80**/S 119,–

Bonsai
Japanische Miniaturbäume und Miniaturlandschaften. Anzucht, Gestaltung und Pflege. (4091) Von B. Lesniewicz, 160 S., 106 Farbfotos, 46 s/w-Fotos, 115 Zeichnungen, gebunden. **DM 68,–**/S 549,–

Zimmerbäume, Palmen und andere Blattpflanzen
Standort, Pflege, Vermehrung, Schädlinge. (5111) Von G. Schoser, 96 S., 98 Farbfotos, 7 Zeichnungen, Pappband. **DM 19,80**/S 159,–

Biologisch zimmergärtnern
Zier- und Nutzpflanzen natürlich pflegen. (4144) Von N. Jorek, 152 S., 15 Farbtafeln, 120 s/w-Fotos, Pappband. **DM 19,80**/S 159,–

Hydrokultur
Pflanzen ohne Erde – mühelos gepflegt. (4080) Von H.-A. Rotter, 120 S., 82 Abb., Pappband. **DM 19,80**/S 159,–

Zimmerpflanzen in Hydrokultur
Leitfaden für problemlose Blumenpflege. (0660) Von H.-A. Rotter, 32 S., 76 Farbfotos, 8 farbige Zeichnungen, Pappband, **DM 7,80**/S 69,–

Sukkulenten
Mittagsblumen, Lebende Steine, Wolfsmilchgewächse u. a. (5070) Von W. Hoffmann, 64 S., 82 Farbfotos, Pappband. **DM 14,80**/S 119,–

Kakteen und andere Sukkulenten
300 Arten mit über 500 Farbfotos. (4116) Von G. Andersohn, 316 S., 520 Farbfotos, 193 Zeichnungen, Papband. **DM 49,–**/S 398,–

Fibel für Kakteenfreunde
(0199) Von H. Herold, 102 S., 23 Farbfotos, 37 s/w-Abb., kart. **DM 7,80**/S 69,–

Kakteen
Herkunft, Anzucht, Pflege, Arten. (5021) Von W. Hoffmann, 64 S., 70 Farbfotos, Pappband. **DM 14,80**/S 119,–

Faszinierende Formen und Farben
Kakteen
(4211) Von K. und F. Schild, 96 S., 127 Farbfotos, Pappband. **DM 24,80**/S 198,–

Orchideen
(4215) Von G. Schoser, 96 S., 143 Farbfotos, Pappband. **DM 24,80**/S 198,–

Falken-Handbuch **Orchideen**
Lebensraum, Kultur, Anzucht und Pflege. (4231) Von G. Schoser, 144 S., 121 Farbfotos, 28 Farbzeichnungen, Pappband. **DM 29,80**/S 239,–

Falken-Handbuch **Katzen**
(4158) Von B. Gerber, 176 S., 294 Farb- und 88 s/w-Fotos, Pappband. **DM 39,–**/S 319,–

Katzen
Rassen · Haltung · Pflege. (4216) Von B. Eilert-Overbeck, 96 S., 82 Farbfotos, Pappband. **DM 24,80**/S 198,–

Das neue Katzenbuch
Rassen – Aufzucht – Pflege. (0427) Von B. Eilert-Overbeck, 136 S., 14 Farbfotos, 26 s/w-Fotos, kart. **DM 8,80**/S 74,–

Lieblinge auf Samtpfötchen **Katzen**
(2202) Von B. Eilert-Overbeck, 80 S., 53 Farbfotos, 5 s/w-Fotos, 1 Zeichnungen, Pappband. **DM 9,80**/S 85,–

Katzenkrankheiten
Erkennung und Behandlung. Steuerung des Sexualverhaltens. (0652) Von Dr. med. vet. R. Spangenberg, 176 S., 64 s/w-Fotos, 4 Zeichnungen, kart. **DM 9,80**/S 79,–

Falken-Handbuch **Hunde**
(4118) Von H. Bielfeld, 176 S., 222 Farbfotos und Farbzeichnungen, 73 s/w-Abb., Pappband. **DM 39,–**/S 319,–

Hunde
Die treuen Freunde des Menschen (2207) Von R. Spangenberg, 80 S., 49 Farbfotos und Zeichnungen, Pappband. **DM 9,80**/S 85,–

Hunde
Rassen · Erziehung · Haltung. (4209) Von H. Bielfeld, 96 S., 101 Farbfotos, Pappband. **DM 24,80**/S 198,–

Das neue Hundebuch
Rassen · Aufzucht · Pflege. (0009) Von W. Busack, überarbeitet von Dr. med. vet. A. H. Hacker und H. Bielfeld, 112 S., 8 Farbtafeln, 27 s/w-Fotos, 6 Zeichnungen, kart. **DM 8,80**/S 74,–

Falken-Handbuch
Der Deutsche Schäferhund
(4077) Von U. Förster, 228 S., 160 Abb., Pappband. **DM 29,80**/S 239,–

Der Deutsche Schäferhund
Aufzucht, Pflege und Ausbildung. (0073) Von A. Hacker, 104 S., 56 Abb., kart. **DM 7,80**/S 69,–

Dackel, Teckel, Dachshund
Aufzucht · Pflege · Ausbildung. (0508) Von M. Wein-Gysae, 112 S., 4 Farbtafeln, 43 s/w-Fotos, 2 Zeichnungen, kart. **DM 9,80**/S 79,–

Hundeausbildung
Verhalten – Gehorsam – Abrichtung. (0346) Von Prof. Dr. R. Menzel, 96 S., 18 Fotos, kart. **DM 7,80**/S 69,–

Hundekrankheiten
Erkennung und Behandlung, Steuerung des Sexualverhaltens. (0570) Von Dr. med. vet. R. Spangenberg, 128 S., 68 s/w-Fotos, 10 Zeichnungen, kart. **DM 9,80**/S 79,–

Falken-Handbuch **Pferde**
(4186) Von H. Werner, 176 S., 196 Farb- und 50 s/w-Fotos, 100 Zeichnungen, Pappband. **DM 48,–**/S 389,–

Ponys
Rassen, Haltung, Reiten. (4205) Von S. Braun, 96 S., 84 Farbfotos, Pappband. **DM 24,80**/S 198,–

Schmetterlinge
Tagfalter Miteleuropas erkennen und benennen. (0510) Von T. Ruckstuhl, 156 S., 136 Farbfotos, kart. **DM 16,80**/S 139,–

Wellensittiche
Arten · Haltung · Pflege · Sprechunterricht · Zucht. (5136) Von H. Bielfeld, 64 S., 59 Farbfotos, Pappband. **DM 14,80**/S 119,–

Papageien und Sittiche
Arten · Pflege · Sprechunterricht. (0591) Von H. Bielfeld, 112 S., 8 Farbtafeln, kart. **DM 9,80**/S 79,–

Geflügelhaltung als Hobby
(0749) Von M. Baumeister, H. Meyer, 184 S., 8 Farbtafeln, 47 s/w-Fotos, 15 Zeichnungen, kart. **DM 16,80**/S 139,–

Falken-Handbuch **Das Terrarium**
(4069) Von B. Kahl, P. Gaupp, Dr. G. Schmidt, 336 S., 215 Farbfotos, geb. **DM 58,–**/S 460,–

Das Süßwasser-Aquarium
Einrichtung · Pflege · Fische · Pflanzen. (0153) Von H. J. Mayland, 152 S., 16 Farbtafeln, 43 s/w-Zeichnungen, kart. **DM 12,80**/S 99,–

Falken-Handbuch
Süßwasser-Aquarium
(4191) Von H. J. Mayland, 288 S., 564 Farbfotos, 75 Zeichnungen, Pappband. **DM 49,–**/S 398,–

Cichliden
Pflege, Herkunft und Nachzucht der wichtigsten Buntbarscharten. (5144) Von Jo in't Veen, 96 S., 163 Farbfotos, Pappband. **DM 19,80**/S 159,–

Gesundheit

Die Frau als Hausärztin
Der unentgeltliche Ratgeber für die Gesundheit. (4072) Von Dr. med. A. Fischer-Dückelmann, 808 S., 14 Farbtafeln, 146 s/w-Fotos, 203 Zeichnungen, Pappband. **DM 29,80**/S 239,–

Heiltees und Kräuter für die Gesundheit
(4123) Von G. Leibold, 136 S., 15 Farbtafeln, 16 Zeichnungen, kart. **DM 14,80**/S 119.–

Falken-Handbuch
Heilkräuter
Modernes Lexikon der Pflanzen und Anwendungen (4076) Von G. Leibold, 392 S., 183 Farbfotos, 22 Zeichnungen, geb. **DM 39,–**/S 319.–

Die farbige Kräuterfibel
Heil- und Gewürzpflanzen. (0245) Von I. Gabriel, 196 S., 49 farbige und 97 s/w-Abb., kart. **DM 14,80**/ S 119.–

Arzneikräuter und Wildgemüse
erkennen und benennen. (0459) Von J. Raithelhuber, 144 S., 108 Farbfotos, 31 Zeichnungen, kart. **DM 16,80**/S 139.–

Falken-Handbuch
Bio-Medizin
Alles über die moderne Naturheilpraxis. (4136) Von G. Leibold, 552 S., 38 Farbfotos, 232 s/w-Abb., Pappband. **DM 39,–**/ S 319.–

Enzyme
(0677) Von G. Leibold, 96 S., kart. **DM 9,80**/S 79.–

Heilfasten
(0713) Von G. Leibold, 108 S., kart. **DM 9,80**/S 79.–

So lebt man länger nach Dr. Le Comptes Erfolgsmethode!
Vital und gesund bis ins hohe Alter. (4129) Von Dr. H. Le Compte, P. Pervenche, 224 S., gebunden. **DM 24,80**/S 198.–

Gesundheit und Spannkraft durch Yoga
(0321) Von L. Frank und U. Ebbers, 112 S., 50 s/w-Fotos, kart. **DM 7,80**/S 69.–

Yoga für jeden
(0341) Von K. Zebroff, 156 S., 135 Abb., Spiralbindung, **DM 20,–**/S 160.–

Yoga für Schwangere
Der Weg zur sanften Geburt. (0777) Von V. Bolesta-Hahn, 108 S., 76 2-farbige Abb. **DM 12,80**/S 99,–

Yoga gegen Haltungsschäden und Rückenschmerzen
(0394) Von A. Raab, 104 S., 215 Abb., kart. **DM 6,80**/S 59.–

Hypnose und Autosuggestion
Methoden – Heilwirkungen – praktische Beispiele. (0483) Von G. Leibold, 116 S., kart. **DM 7,80**/S 69.–

Autogenes Training
Anwendung · Heilwirkungen · Methoden. (0541) Von R. Faller, 128 S., 3 Zeichnungen, kart. **DM 9,80**/S 79.–

Die fernöstliche Fingerdrucktherapie Shiatsu
Anleitungen zur Selbsthilfe – Heilwirkungen. (0615) Von G. Leibold, 196 S., 180 Abb., kart. **DM 16,80**/S 139.–

Eigenbehandlung durch Akupressur
Heilwirkungen – Energielehre – Meridiane. (0417) Von G. Leibold, 152 S., 78 Abb., kart. **DM 9,80**/S 79.–

Bauch, Taille und Hüfte gezielt formen durch **Aktiv Yoga**
(0709) Von K. Zebroff, 112 S., 102 Farbfotos, Spiralbindung, **DM 14,80**/S 119,–

10 Minuten täglich Tele-Gymnastik
(5102) Von B. Manz und K. Biermann, 128 S., 381 Abb., kart. **DM 14,80**/S 119.–

Gesund und fit durch Gymnastik
(0366) Von H. Pilss-Samek, 132 S., 150 Abb., kart. **DM 9,80**/S 79.–

Stretching
Mit Dehnungsgymnastik zu Entspannung, Geschmeidigkeit und Wohlbefinden. (0717) Von H. Schulz, 80 S., 90 s/w-Fotos, kart. **DM 7,80**/S 69.–

Schönheitspflege
Kosmetische Tips für jeden Tag. (0493) Von H. Zander, 80 S., 25 Abb., kart. **DM 7,80**/S 69.–

Natur-Apotheke
Gesundheit durch altbewährte Kräuterrezepte und Hausmittel. (4156) Von G. Leibold, 236 S., 8 Farbtafeln, 100 Zeichnungen, kart., **DM 19,80**/S 159.–
(4157) Pappband, **29,80**/S 239.–

Bildatlas des menschlichen Körpers
(4177) Von G. Pogliani, V. Vannini, 112 S., 402 Farbabb., 28 s/w-Fotos, Pappband, **DM 29,80**/S 239.–

Fußmassage
Reflexzonentherapie am Fuß (0714) Von G. Leibold, 96 S., 38 Zeichnungen, kart. **DM 9,80**/S 79.–

Rheuma und Gicht
Krankheitsbilder, Behandlung, Therapieverfahren, Selbstbehandlung, richtige Lebensführung und Ernährung. (0712) Von Dr. J. Höder, J. Bandick, 104 S., kart. **DM 9,80**/S 79.–

Krampfadern
Ursachen, Vorbeugung, Selbstbehandlung, Therapieverfahren. (0727) Von Dr. med. K. Steffens, 96 S., 38 Abb., kart. **DM 9,80**/S 79.–

Gallenleiden
Krankheitsbilder, Behandlung, Therapieverfahren, Selbstbehandlung, Richtige Lebensführung und Ernährung. (0673) Von Dr. med. K. Steffens, 104 S., 34 Zeichnungen, kart. **DM 9,80**/S 79,–

Asthma
Pseudokrupp, Bronchitis und Lungenemphysem. (0778) Von Prof. Dr. med. W. Schmidt, 120 S., 56 Zeichnungen, kart. **DM 9,80**/S 79,–

Vitamine und Ballaststoffe
So ermittle ich meinen täglichen Bedarf (0746) Von Prof. Dr. M. Wagner, I. Bongartz, 96 S., 6 Farbabb., zahlreiche Tabellen, kart. **DM 9,80**/S 79,–

Darmleiden
Krankheitsbilder, Behandlung, Selbstbehandlung, Richtige Lebensführung und Ernährung. (0798) Von Dr. med. K. Steffens, 112 S., 46 Zeichnungen, kart. **DM 9,80**/S 79,–

Massage
(0750) Von B. Rumpler, K. Schutt, 112 S., 116 2-farbige Zeichnungen, kart. **DM 12,80**/S 99,–

Ratgeber Aids
Entstehung, Ansteckung, Krankheitsbilder, Heilungschancen, Schutzmaßnahmen. (0803) Von B. Baartman, Vorwort von Dr. med. H. Jäger, 112 S., 8 Fabrtafeln, 4 Grafiken, kart. **DM 16,80**/S 139,–

Wenn Kinder krank werden
Medizinischer Ratgeber für Eltern. (4240) Von Dr. med. I. J. Chasnoff, B. Nees-Delaval, 232 S., 163 Zeichnungen, Pappband. **DM 29,80**/S 239,–

Die Preise entsprechen dem Status beim Druck dieses

Ratgeber Lebenshilfe

Umgangsformen heute
Die Empfehlungen des Fachausschusses für Umgangsformen. (4015) 282 S., 160 s/w-Fotos, 25 Zeichnungen, Pappband. **DM 29,80**/S 239.–

Der gute Ton
Ein moderner Knigge. (0063) Von I. Wolter, 168 S., 38 Zeichnungen, 53 s/w-Fotos, kart. **DM 9,80**/S 79.–

Haushaltstips von A bis Z
(0759) Von A. Eder, 80 S., 30 Zeichnungen, kart. **DM 7,80**/S 69,–

Wir heiraten
Ratgeber zur Vorbereitung und Festgestaltung der Verlobung und Hochzeit. (4188) Von C. Poensgen, 216 S., 8 s/w-Fotos, 30 s/w-Zeichnungen, 8 Farbtafeln, Pappband. **DM 19,80**/S 159,–

Kleines Dankeschön für die charmante
Gastgeberin
(2218) Von S. Gräfin Schönfeldt, 80 S., 46 Farbabb., Pappband. **DM 9,80**/S 85,–

Die Kunst der freien Rede
Ein Intensivkurs mit vielen Übungen, Beispielen und Lösungen. (4189) Von G. Hirsch, 232 S., 11 Zeichnungen, Pappband. **DM 29,80**/S 239,–

Reden zur Taufe, Kommunion und Konfirmation
(0751) Von G. Georg, 96 S., kart. **DM 6,80**/S 59,–

Der richtige Brief zu jedem Anlaß
Das moderne Handbuch mit 400 Musterbriefen. (4179) Von H. Kirst, 376 S., Pappband. **DM 26,80**/S 218,–

Von der Verlobung zur Goldenen Hochzeit
(0393) Von E. Ruge, 120 S., kart. **DM 6,80**/S 59.–

Reden zur Hochzeit
Musteransprachen für Hochzeitstage. (0654) Von G. Georg, 112 S., kart. **DM 6,80**/S 59.–

Glückwünsche, Toasts und Festreden zur Hochzeit.
(0264) Von I. Wolter, 128 S., 18 Zeichnungen, kart. **DM 7,80**/S 69.–

Hochzeits- und Bierzeitungen
Muster, Tips und Anregungen. (0288) Von H.-J. Winkler, mit vielen Text- und Gestaltungsanregungen, 116 S., 15 Abb., 1 Musterzeitung, kart. **DM 6,80**/ S 59.–

Kindergedichte zur Grünen, Silbernen und Goldenen Hochzeit
(0318) Von H.-J. Winkler, 104 S., 20 Abb., kart. **DM 5,80**/S 49.–

Die Silberhochzeit
Vorbereitung · Einladung · Geschenkvorschläge · Dekoration · Festablauf · Menüs · Reden · Glückwünsche. (0542) Von K. F. Merkle, 120 S., 41 Zeichnungen, kart. **DM 9,80**/S 79.–

Großes Buch der Glückwünsche
(0255) Hrsg. von O. Fuhrmann, 240 S., 77 Zeichnungen und viele Gestaltungsvorschläge, kart. **DM 9,80**/S 79.–

Neue Glückwunschfibel
für Groß und Klein. (0156) Von R. Christian-Hildebrandt, 96 S., kart. **DM 4,80**/S 39.–

Glückwunschverse für Kinder
(0277) Von B. Ulrici, 80 S., kart. **DM 5,80**/S 49.–

Die Redekunst
Rhetorik · Rednererfolg (0076) Von K. Wolter, überarbeitet von Dr. W. Tappe, 80 S., kart. **DM 5,80**/S 49.–

Reden und Ansprachen
für jeden Anlaß. (4009) Hrsg. von F. Sicker, 454 S., gebunden. **DM 39,–**/S 319.–

Reden zum Jubiläum
Musteransprachen für viele Gelegenheiten (0595) Von G. Georg, 112 S., kart. **DM 6,80**/S 59.–

Reden zum Ruhestand
Musteransprachen zum Anschluß des Berufslebens (0790) Von G. Georg, 104 S., kart. **DM 7,80**/S 69,–

Reden und Sprüche zu Grundsteinlegung, Richtfest und Einzug
(0598) Von A. Bruder, G. Georg, 96 S., kart. **DM 6,80**/S 59.–

Reden zu Familienfesten
Musteransprachen für viele Gelegenheiten. (0675) Von G. Georg, 108 S., kart. **DM 6,80**/S 59.–

Reden zum Geburtstag
Musteransprachen für familiäre und offizielle Anläße. (0773) Von G. Georg, 104 S., kart. **DM 7,80**/S 69,–

Festreden und Vereinsreden
Ansprachen für festliche Gelegenheiten. (0069) Von K. Lehnhoff, E. Ruge, 88 S., kart. **DM 5,80**/S 49.–

Reden im Verein
Musteransprachen für viele Gelegenheiten. (0703) Von G. Georg, 112 S., kart., **DM 6,80**/S 59.–

Trinksprüche
Fest- und Damenreden in Reimen. (0791) Von L. Metzner, 88 S., 14 s/w-Zeichnungen, kart. **DM 7,80**/S 68,–

Trinksprüche, Richtsprüche, Gästebuchverse
(0224) Von D. Kellermann, 80 S., kart. **DM 5,80**/S 49.–

Ins Gästebuch geschrieben
(0576) Von K. H. Trabeck, 96 S., 24 Zeichnungen, kart. **DM 7,80**/S 69.–

Poesiealbumverse
Heiteres und Besinnliches. (0578) Von A. Göttling, 112 S., 20 Zeichnungen, Pappband. **DM 14,80**/S 119.–

Verse fürs Poesiealbum
(0241) Von I. Wolter, 96 S., 20 Abb., kart. **DM 5,80**/S 49.–

Rosen, Tulpen, Nelken . . .
Beliebte Verse fürs Poesiealbum
(0431) Von W. Pröve, 96 S., 11 Faksimile-Abb., kart. **DM 5,80**/S 49.–

Der Verseschmied
Kleiner Leitfaden für Hobbydichter. Mit Reimlexikon. (0597) Von T. Parisius, 96 S., 28 Zeichnungen, kart. **DM 7,80**/S 69.–

Was wäre das Leben ohne Hoffnung
Trostreiche Worte
(2224) Hrsg. E. Heinold, 80 S., 23 Farbfotos, Pappband. **DM 9,80**/S 85,–

Moderne Korrespondenz
Handbuch für erfolgreiche Briefe. (4014) Von H. Kirst und W. Manekeller, 544 S., gebunden. **DM 39,–**/S 319.–

Der neue Briefsteller
Musterbriefe für alle Gelegenheiten. (0060) Von I. Wolter-Rosendorf, 112 S., kart. **DM 5,80**/S 49.–

Geschäftliche Briefe
des Privatmanns, Handwerkers, Kaufmanns. (0041) Von A. Römer, 120 S., kart. **DM 6,80**/S 59.–

Behördenkorrespondenz
Musterbriefe – Anträge – Einsprüche. (0412) Von E. Ruge, 120 S., kart. **DM 7,80**/S 69.–

Musterbriefe
für alle Gelegenheiten. (0231) Hrsg. von O. Fuhrmann, 240 S., kart. **DM 9,80**/S 79.–

Privatbriefe
Muster für alle Gelegenheiten. (0114) Von I. Wolter-Rosendorf, 132 S., kart. **DM 6,80**/S 59.–

Erfolgstips für den Schriftverkehr
Briefwechsel leicht gemacht durch einfachen Stil und klaren Ausdruck (0678) Von J. Werbellin, 120 S., kart. **DM 8,80**/S 74.–

Worte und Briefe der Anteilnahme
(0464) Von E. Ruge, 128 S., mit vielen Abb., kart. **DM 9,80**/S 79.–

Reden in Trauerfällen
Musteransprachen für Beerdigungen und Trauerfeiern (0736) Von G. Georg, 104 S., kart. **DM 6,80**/S 59,–

Lebenslauf und Bewerbung
Beispiele für Inhalt, Form und Aufbau. (0428) Von H. Friedrich, 112 S., kart. **DM 6,80**/S 59.–

Erfolgreiche Bewerbungsbriefe und Bewerbungsformen.
(0138) Von W. Manekeller, 88 S., kart. **DM 5,80**/S 49.–

Die erfolgreiche Bewerbung
Bewerbung und Vorstellung. (0173) Von W. Manekeller, 156 S., kart. **DM 9,80**/S 79.–

Die Bewerbung
Der moderne Ratgeber für Bewerbungsbriefe, Lebenslauf und Vorstellungsgespräche. (4138) Von W. Manekeller, 264 S., Pappband. **DM 19,80**/S 159.–

Vorstellungsgespräche
sicher und erfolgreich führen. (0636) Von H. Friedrich, 144 S., kart. **DM 9,80**/S 79.–

Keine Angst vor Einstellungstests
Ein Ratgeber für Bewerber. (0793) Von Ch. Titze, 120 S., 67 Zeichnungen, kart. **DM 9,80**/S 79,–

Zeugnisse im Beruf
richtig schreiben, richtig verstehen. (0544) Von H. Friedrich, 112 S., kart. **DM 9,80**/S 79.–

In Anerkennung Ihrer . . .,
Lob und Würdigung in Briefen und Reden.
(0535) Von H. Friedrich, 136 S., kart. **DM 9,80**/S 79.–

Erfolgreiche Kaufmannspraxis
Wirtschaftliche Grundlagen, Geld, Kreditwesen, Steuern, Betriebsführung, Recht, EDV. (4046) Von W. Göhler, H. Gölz, M. Heibel, Dr. D. Machenheimer, 544 S., gebunden. **DM 39,–**/S 319.–

Der Rechtsberater im Haus
(4048) Von K.-H. Hofmeister, 528 S., gebunden. **DM 39,–**/S 319.–

Arbeitsrecht
Praktischer Ratgeber für Arbeitnehmer und Arbeitgeber. (0594) Von J. Beuthner, 192 S., kart. **DM 16,80**/S 139.–

Mietrecht
Leitfaden für Mieter und Vermieter. (0479) Von J. Beuthner, 196 S., kart. **DM 14,80**/S 119.–

Familienrecht
Ehe – Scheidung – Unterhalt. (4190) Von T. Drewes, R. Hollender, 368 S., Pappband. **DM 29,80**/S 239,–

Scheidung und Unterhalt
nach dem neuen Eherecht. (0403) Von Rechtsanwalt H. T. Drewes, 112 S., mit Kosten- und Unterhaltstabellen, kart.
DM 7,80/S 69.–

Testament und Erbschaft
Erbfolge, Rechte und Pflichten der Erben, Erbschafts- und Schenkungssteuer, Mustertestamente. (4139) Von T. Drewes, R. Hollender, 304 S., Pappband.
DM 26,80/S 218.–

Erbrecht und Testament
Mit Erläuterungen des Erbschaftssteuergesetzes von 1974. (0046) Von Dr. jur. H. Wandrey, 124 S., kart. **DM 6,80**/S 59.–

Endlich 18 und nun?
Rechte und Pflichten mit der Volljährigkeit. (0646) Von R. Rathgeber, 224 S., 27 Zeichnungen, kart. **DM 14,80**/S 119.–

Was heißt hier minderjährig?
(0765) Von R. Rathgeber, C. Rummel, 148 S., 50 Fotos, 25 Zeichnungen, kart.
DM 14,80/S 119,–

So finde ich einen Ausbildungsplatz
(0715) Von H. Friedrich, 136 S., kart.
DM 9,80/S 79,–

Elternsache Grundschule
(0692) Hrsg. von K. Meynersen, 324 S., kart. **DM 26,80**/S 218,–

Sexualberatung
(0402) Von Dr. M. Röhl, 168 S., 8 Farbtafeln, 17 Zeichnungen, Pappband.
DM 19,80/S 159.–

Die Kunst des Stillens
nach neuesten Erkenntnissen
(0701) Von Prof. Dr. med. E. Schmidt/S. Brunn, 112 S., 20 Fotos und Zeichnungen, kart. **DM 9,80**/S 79,–

Wenn Sie ein Kind bekommen
(4003) Von U. Klamroth, Dr. med. H. Oster, 240 S., 86 s/w-Fotos, 30 Zeichnungen, Pappband. **DM 24,80**/S 198.–

Vorbereitung auf die Geburt
Schwangerschaftsgymnastik, Atmung, Rückbildungsgymnastik. (0251) Von S. Buchholz, 112 S., 98 s/w-Fotos, kart.
DM 6,80/S 59.–

Wie soll es heißen?
(0211) Von D. Köhr, 136 S., kart.
DM 5,80/S 49.–

Das Babybuch
Pflege · Ernährung · Entwicklung. (0531) Von A. Burkert, 128 S., 16 Farbtafeln, 38 s/w-Fotos, 30 Zeichnungen, kart.
DM 12,80/ S 99.–

Mitmachen – die Umwelt retten!
Das Öko-Testbuch
Analysen und Experimente zur Eigeninitiative. (4160) Von M. Häfner, 400 Farbfotos, 137 farbige Zeichnungen, Pappband. **DM 39,–**/S 319,–

Die neue Lebenshilfe **Biorhytmik**
Höhen und Tiefen der persönlichen Lebenskurven vorausberechnen und danach handeln. (0458) Von W. A. Appel, 157 S., 63 Zeichnungen, Pappband.
DM 12,80/S 99.–

Vom Urkrümel zum Atompilz
Evolution – Ursache und Ausweg aus der Krise. (4181) Von Jürgen Voigt, 188 S., 20 Farb- und 70 s/w-Fotos, 32 Zeichnungen, kart. **DM 19,80**/S 159.–

Der Sklave Calvisius
Alltag in einer römischen Provinz 150 n. Chr. (4058) Von A. Ammermann, T. Röhrig, G. Schmidt, 120 S., 99 Farbabb., 47 s/w-Abb., Pappband.
DM 19,80/S 159.–

ZDF · ORF · DRS
Kompaß Jugend-Lexikon
(4096) Von R. Kerler, J. Blum, 336 S., 766 Farbfotos, 39 s/w-Abb., Pappband.
DM 39,–/S 319.–

Astrologie
Das Orakel der Sterne. (2211) Von B. A. Mertz, 80 S., 42 Farb- und 15 s/w-Fotos, Pappband. **DM 9,80**/S 85,–

Psycho-Tests
– Erkennen Sich sich selbst. (0710) Von B. M. Nash, R. B. Monchick, 304 S., 81 Zeichnungen, kart. **DM 16,80**/S 139,–

Falken-Handbuch **Astrologie**
Charakterkunde · Schicksal · Liebe und Beruf · Berechnung und Deutung von Horoskopen · Aszendenttabelle. (4068) Von B. A. Mertz, 342 S., mit 60 erläuternden Grafiken, gebunden.
DM 29,80/S 239.–

Selbst Wahrsagen mit Karten
Die Zukunft in Liebe, Beruf und Finanzen. (0404) Von R. Koch, 112 S., 252 Abb., Pappband. **DM 12,80**/S 99.–

Weissagen, Hellsehen, Kartenlegen . . .
Wie jeder die geheimen Kräfte ergründen und für sich nutzen kann. (4153) Von G. Haddenbach, 192 S., 40 Zeichnungen, Pappband. **DM 19,80**/S 159.–

Frauenträume, Männerträume
und ihre Bedeutung. (4198) Von G. Senger, 272 S., mit Traumlexikon, Pappband. **DM 29,80**/S 239,–

Wahrsagen mit Tarot-Karten
(0482) Von E. J. Nigg, 112 S., 4 Farbtafeln, 52 s/w-Fotos, Abb., Pappband.
DM 14,80/S 119.–

Aztekenhoroskop
Deutung von Liebe und Schicksal nach dem Aztekenkalender. (0543) Von C.-M. und R. Kerler, 160 S., 20 Zeichnungen, Pappband. **DM 9,80**/S 79.–

Was sagt uns das Horoskop?
Praktische Einführung in die Astrologie. (0655) Von B. A. Mertz, 176 S., 25 Zeichnungen, kart. **DM 9,80**/S 79.–

Das Super-Horoskop
Der neue Weg zur Deutung von Charakter, Liebe und Schicksal nach chinesischer und abendländischer Astrologie. (0465) Von G. Haddenbach, 175 S., kart.
DM 9,80/S 79.–

Liebeshoroskop für die 12 Sternzeichen
Alles über Chancen, Beziehungen, Erotik, Zärtlichkeit, Leidenschaft. (0587) Von G. Haddenbach, 144 S., 11 Zeichnungen, kart. **DM 7,80**/S 69.–

Die 12 Sternzeichen
Charakter, Liebe und Schicksal. (0385) Von G. Haddenbach, 160 S., Pappband.
DM 12,80/S 99.–

Die 12 Tierzeichen im chinesischen Horoskop
(0423) Von G. Haddenbach, 128 S., Pappband. **DM 9,80**/S 79.–

Sternstunden
für Liebe, Glück und Geld, Berufserfolg und Gesundheit. Das ganz persönliche Mitbringsel für Widder (0621), Stier (0622), Zwillinge (0623), Krebs (0624), Löwe (0625), Jungfrau (0626), Waage (0627), Skorpion (0628), Schütze (0629), Steinbock (0630), Wassermann (0631), Fische (0632) Von L. Cancer, 62 S., durchgehend farbig, Zeichnungen, Pappband. **DM 5,–**/S 39.–

So deutet man Träume
Die Bildersprache des Unbewußten. (0444) Von G. Haddenbach, 160 S., Pappband. **DM 9,80**/S 79,–

Die Famillie im Horoskop
Glück und Harmonie gemeinsam erleben – Probleme und Gegensätze verstehen und tolerieren. (4161) Von B. A. Mertz, 296 S., 40 Zeichnungen, kart.
DM 19,80/S 159,–

Erkennen Sie Psyche und Charakter durch **Handdeutung**
(4176) Von B. A. Mertz, 252 S., 9 s/w-Fotos, 160 Zeichnungen, Pappband.
DM 36,–/S 298,–

Falken-Handbuch
Kartenlegen
Wahrsagen mit Tarot-, Skat-, Lenormand- und Zigeunerblättern. (4226) Von B. A. Mertz, 288 S., 38 Farb- und 108 s/w-Abb. Pappband.
DM 39,–/S 319,–

I Ging der Liebe
Das altchinesische Orakel für Partnerschaft und Ehe. (4244) Von G. Damian-Knight, 320 S., 64 s/w-Zeichnungen, Pappband. **DM 29,80**/S 239,–

Wenn die Schwalben niedrig fliegen
Bauernregeln
(2208) Von G. Haddenbach, 80 S., 52 Farbfotos, Pappband.
DM 9,80/S 85,–

Bauernregeln, Bauernweisheiten, Bauernsprüche
(4243) Von G. Haddenbach, 192 S., 62 Farbabb. 9 s/w-Fotos, 144 s/w-Zeichnungen, Pappband. **DM 29,80**/S 239,–

FALKEN VERLAG

Die Preise entsprechen dem Status beim Druck dieses

Computer

Computer Grundwissen
Eine Einführung in Funktion und Einsatzmöglichkeiten. (4302) Von W. Bauer, 176 Seiten, 193 Farb- und 12 s/w-Fotos, 37 Computergrafiken, kart., **DM 29,80**/S 239.–
(4301) Pappband, **DM 39,–**/S 312.–

Einführung in die Programmiersprache BASIC. (4303) Von S. Curran und R. Curnow, 192 S., 92 Zeichnungen, Spiralbindung. **DM 19,80**/S 159.–

Lernen mit dem Computer. (4304) Von S. Curran und R. Curnow, 144 S., 34 Zeichnungen, Spiralbindung, **DM 19,80**/S 159.–

Computerspiele, Grafik und Musik
(4305) Von S. Curran und R. Curnow, 147 S., 46 Zeichnungen, Spiralbindung. **DM 19,80**/S 159.–

dBase III
Einführung für Einsteiger und Nachschlagewerk für Profis. (4310) Von J. Brehm, G. A. Karl, 211 S., 23 Abb., kart. **DM 58,–**/S 460,–

Das Medienpaket
Buch und Programmdiskette „dBase III" zusammen (4312) **DM 98,–**/S 784,

Grundwissen Informationsverarbeitung
(4314) Von H. Schiro, 312 S., 59 s/w-Fotos, 133 s/w-Zeichnungen, Pappband. **DM 58,–**/S 460,–

Heimcomputer-Bastelkiste
Messen, Steuern, Regeln mit C 64-, Apple II-, MSX-, TANDY-, MC-, Atari- und Sinclair-Computern. (4309) Von G. A. Karl, 256 S., 160 Zeichnungen, kart. **DM 39,–**/S 319,–

Drucker und Platter
Text und Grafik für Ihren Computer. (4315) Von K.-H. Koch, 192 S., 12 Farbtafeln, 5 s/w-Fotos, kart. **DM 39,–**/S 319,–

Textverarbeitung mit Home- und Personal-Computern
Systeme – Vergleiche – Anwendungen. (4316) Von A. Görgens, 128 S., 49 s/w-Fotos, kart. **DM 29,80**/S 239,–

Lernhilfen

Deutsch für Ausländer im Selbstunterricht
Ausgabe für Jugoslawen
(0261) Von I. Hladek und E. Richter, 132 S., 62 Zeichnungen, kart. **DM 9,80**/S 79.–

Deutsch – Ihre neue Sprache.
Grundbuch (0327) Von H.-J. Demetz und J. M. Puente, 204 S., mit über 200 Abb., kart. **DM 14,80**/S 119.–

Glossar Italienisch
(0329) Von H.-J. Demetz und J. M. Puente, 74 S., kart. **DM 9,80**/S 79.–

In gleicher Ausstattung:
Glossar Spanisch (0330) **DM 9,80**/S 79.–
Glossar Serbokroatisch (0331) **DM 9,80**/S 79.–
Glossar Türkisch (0332) **DM 9,80**/S 79.–
Glossar Arabisch (0335) **DM 9,80**/S 79.–
Glossar Französisch (0337) **DM 9,80**/S 79.–

Das Deutschbuch
Ein Sprachprogramm für Ausländer, Erwachsene und Jugendliche.
Autorenteam: J. M. Puente, H.-J. Demetz, S. Sargut, M. Spohner.

Grundbuch Jugendliche
(4915) Von Puente, Demetz, Sargut, Spohner, Hirschberger, Kersten, von Stolzenwaldt, 256 S., durchgehend zweifarbig, kart. **DM 19,80**/S 159.–

Grundbuch Erwachsene
(4901) Von Puente, Demetz, Sargut, Spohner, 292 S., durchgehend zweifarbig, kart. **DM 24,80**/S 198.–

Arbeitsheft
zu Grundbuch Erwachsene und Jugendliche. (4903) Von Puente, Demetz, Sargut, Spohner, 160 S., durchgehend zweifarbig, kart. **DM 16,80**/S 139.–

Aufbaukurs
(4902) Von Puente, Sargut, Spohner, 232 S., durchgehend zweifarbig, kart. **DM 22,80**/S 182.–

Lehrerhandbuch Grundbuch Erwachsene
(4904) 144 S., kart. **DM 14,80**/S 119.–

Lehrerhandbuch Grundbuch Jugendliche
(4929) 120 S., kart. **DM 14,80**/S 119.–

Lehrerhandbuch Aufbaukurs
(4930) 64 S., kart. **DM 9,80**/S 79.–

Glossare Erwachsene:
Türkisch
(4906) 100 S., kart. **DM 9,80**/S 79.–
Englisch
(4912) 100 S., kart. **DM 9,80**/S 79.–
Französisch
(4911) 104 S., kart. **DM 9,80**/S 79.–
Spanisch
(4909) 98 S., kart. **DM 9,80**/S 79.–
Italienisch
(4908) 100 S., kart. **DM 9,80**/S 79.–
Serbokroatisch
(4914) 100 S., kart. **DM 9,80**/S 79.–
Griechisch
(4907) 102 S., kart. **DM 9,80**/S 79.–
Portugiesisch
(4910) 100 S., kart. **DM 9,80**/S 79.–
Polnisch
(4913) 102 S., kart. **DM 9,80**/S 79.–
Arabisch
(4905) 100 S., kart. **DM 9,80**/S 79.–

Glossare Jugendliche:
Türkisch
(4927) 104 S., kart. **DM 9,80**/S 79.–
Italienisch
(4932) Von A. Baumgartner, 104 S., kart. **DM 9,80**/S 79.–
Spanisch
(4933) Von M. Weidemann, 104 S., kart. **DM 9,80**/S 79.–
Serbokroatisch
(4934) Von M. Vuckovic, 104 S., kart. **DM 9,80**/S 79.–
Griechisch
(4936) Von Dr. G. Tzounakis, 112 S., kart. **DM 9,80**/S 79.–

Tonband Grundbuch Erwachsene
(4916) Ø 18 cm. **DM 125,–**/S 1.000.–
Tonband Grundbuch Jugendliche
(4917) Ø 18 cm. **DM 125,–**/S 1.000.–
Tonband Aufbaukurs
(4918) Ø 18 cm. **DM 125,–**/S 1.000.–
Tonband Arbeitsheft
(4919) Ø 18 cm. **DM 89,–**/S 712.–
Kassetten Grundbuch Erwachsene
(4920) 2 Stück à 90 Min. Laufzeit. **DM 39,–**/S 319.–
Kassetten Grundbuch Jugendliche
(4921) 2 Stück à 90 Min. Laufzeit. **DM 39,–**/S 319.–
Kassetten Aufbaukurs
(4922) 2 Stück à 90 Min. Laufzeit. **DM 39,–**/S 319.–
Kassette Arbeitsheft Grundbuch
(4923) 60 Min. Laufzeit. **DM 19,80**/S 159.–
Overheadfolie Grundbuch Erwachsene
(4924) 60 Stück **DM 159,–**/S 1.270.–
Overheadfolien Grundbuch Jugendliche
(4925) 59 Stück. **DM 159,–**/S 1.270.–
Overheadfolien Aufbaukurs
(4931) 54 Stück. **DM 159,–**/S 1.270.–
Diapositive Grundbuch Erwachsene
(4926) 300 Stück. **DM 398,–**/S 3.184.–
Bildkarten
zum Grundbuch Jugendliche und Erwachsene. (4928) 200 Stück. **DM 159,–**/S 1.270.–

Arbeitshefte für ausländische Jugendliche in der Berufsvorbereitung
Fachsprache im projektorientierten/ fachübergreifenden Unterricht
Metall 1
(4937) Von S. Sargut, M. Spohner, 96 S., 30 Farbfotos, 30 Zeichnungen, kart. **DM 14,80**/S 119.–

Maschinenschreiben für Kinder
(0274) Von H. Kaus, 48 S., farbige Abb., kart. **DM 5,80**/S 49,–

So lernt man leicht und schnell
Maschinenschreiben
Lehrbuch für Selbstunterricht und Kurse. (0568) Von J. W. Wagner, 112 S., 31 s/w-Fotos, 36 Zeichnungen, kart. **DM 19,80**/ S 159,–

Maschinenschreiben durch Selbstunterricht
(0170) Von A. Fonfara, 84 S., kart. **DM 5,80**/S 49,–

Stenografie leicht gelernt
im Kursus oder Selbstunterricht. (0266) Von H. Kaus, 64 S., kart. **DM 6,80**/S 59,–

Buchführung
leicht gefaßt. Ein Leitfaden für Handwerker und Gewerbetreibende. (0127) Von R. Pohl, 104 S., kart. **DM 7,80**/S 69,–

Buchführung leicht gemacht
Ein methodischer Grundkurs für den Selbstunterricht. (4238) Von D. Machenheimer, R. Kersten, 252 S., Pappband. **DM 26,80**/S 218,–

Schülerlexikon der Mathematik
Formeln, Übungen und Begriffserklärungen für die Klassen 5–10. (0430) Von R. Müller, 176 S., 96 Zeichnungen, kart. **DM 9,80**/S 79,–

Mathematik verständlich
Zahlenbereiche Mengenlehre, Algebra, Geometrie, Wahrscheinlichkeitsrechnung, Kaufmännisches Rechnen. (4135) Von R. Müller, 652 S., 10 s/w- und 109 Farbfotos, 802 farbige und 79 s/w-Zeichnungen, über 2500 Beispiele und Übungen mit Lösungen, Pappband. **DM 68,–**/S 549,–

Mathematische Formeln für Schule und Beruf
Mit Beispielen und Erklärungen. (0499) Von R. Müller, 156 S., 210 Zeichnungen, kart. **DM 9,80**/S 79,–

Rechnen aufgefrischt
für Schule und Beruf. (0100) Von H. Rausch, 144 S., kart. **DM 6,80**/S 59,–

Mehr Erfolg in Schule und Beruf
Besseres Deutsch
Mit Übungen und Beispielen für Rechtschreibung, Diktate, Zeichensetzung, Aufsätze, Grammatik, Literaturbetrachtung, Stil, Briefe, Fremdwörter, Reden. (4115) Von K. Schreiner, 444 S., 7 s/w-Fotos, 27 Zeichnungen, Pappband. **DM 29,80**/S 239,–

Richtiges Deutsch
Rechtschreibung · Zeichensetzung · Grammatik · Stilkunde. (0551) Von K. Schreiner, 128 S., 7 Zeichnungen, kart. **DM 9,80**/S 79,–

Diktate besser schreiben
Übungen zur Rechtschreibung für die Klassen 4–8. (0469) Von K. Schreiner, 152 S., 31 Zeichnungen, kart. **DM 9,80**/S 79,–

Aufsätze besser schreiben
Förderkurs für die Klassen 4–10. (0429) Von K. Schreiner, 144 S., 4 s/w-Fotos, 27 Zeichnungen, kart. **DM 9,80**/S 79,–

Deutsche Grammatik
Ein Lern- und Übungsbuch. (0704) Von K. Schreiner, 112 S., kart. **DM 9,80**/S 79,–

Besseres Englisch
Grammatik und Übungen für die Klassen 5 bis 10. (0745) Von E. Henrichs, 144 S., **DM 12,80**/S 99,–

Richtige Zeichensetzung
durch neue, vereinfachte Regeln. Erläuterungen der Zweifelsfragen anhand vieler Beispiele. (0774) Von Prof. Dr. Ch. Stetter, 160 S., kart. **DM 9,80**/S 79,–

Bestellschein

Erfüllungsort und Gerichtsstand für Vollkaufleute ist der jeweilige Sitz der Lieferfirma. Für alle übrigen Kunden gilt dieser Gerichtsstand für das Mahnverfahren. Falls durch besondere Umstände Preisänderungen notwendig werden, erfolgt Auftragserledigung zu dem bei der Lieferung gültigen Preis. Ich bestelle hiermit aus dem Falken-Verlag GmbH, Postfach 1120, D-6272 Niedernhausen/Ts., durch die Buchhandlung:

Ex. ____________________

Ex. ____________________

Ex. ____________________

Ex. ____________________

Name: ____________________

Straße: ____________________ Ort: ____________________

Datum: ____________________ Unterschrift: ____________________

FALKEN VERLAG

 Für die Schweiz: sFr.-Preise gemäß Preisauszeichnung in der Buchhandlung